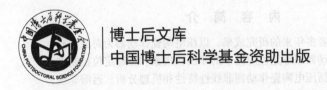

博士后文库
中国博士后科学基金资助出版

压电陶瓷的非线性动力学与控制

刘延芳 著

科学出版社
北京

内 容 简 介

本书基于作者多年来的研究成果，以压电陶瓷作动器为对象，研究了压电陶瓷作动器跟踪定位应用中的非线性现象和跟踪定位控制方法，主要内容包括压电陶瓷作动器非线性特性和机理分析、迟滞非线性建模与补偿、蠕变非线性和动力学效应建模，以及跟踪定位控制系统设计等。

本书可供高等院校材料工程专业的高年级本科生和研究生阅读，也可供压电陶瓷作动器领域的学术研究人员和工程技术人员参考。

图书在版编目（CIP）数据

压电陶瓷的非线性动力学与控制/刘延芳著. —北京：科学出版社，2020.5

(博士后文库)

ISBN 978-7-03-064263-9

Ⅰ. ①压… Ⅱ. ①刘… Ⅲ. ①压电陶瓷–非线性力学 Ⅳ. ①TM282

中国版本图书馆 CIP 数据核字(2020)第 017843 号

责任编辑：陈 婕 李 娜 / 责任校对：王萌萌

责任印制：赵 博 / 封面设计：陈 敬

科学出版社出版

北京东黄城根北街 16 号

邮政编码：100717

http://www.sciencep.com

北京凌奇印刷有限责任公司印刷

科学出版社发行 各地新华书店经销

*

2020 年 5 月第 一 版 开本：720 × 1000 B5

2025 年 1 月第四次印刷 印张：11

字数：217 000

定价：80.00 元

（如有印装质量问题，我社负责调换）

《博士后文库》序言

1985 年，在李政道先生的倡议和邓小平同志的亲自关怀下，我国建立了博士后制度，同时设立了博士后科学基金。30 多年来，在党和国家的高度重视下，在社会各方面的关心和支持下，博士后制度为我国培养了一大批青年高层次创新人才。在这一过程中，博士后科学基金发挥了不可替代的独特作用。

博士后科学基金是中国特色博士后制度的重要组成部分，专门用于资助博士后研究人员开展创新探索。博士后科学基金的资助，对正处于独立科研生涯起步阶段的博士后研究人员来说，适逢其时，有利于培养他们独立的科研人格、在选题方面的竞争意识以及负责的精神，是他们独立从事科研工作的“第一桶金”。尽管博士后科学基金资助金额不大，但对博士后青年创新人才的培养和激励作用不可估量。四两拨千斤，博士后科学基金有效地推动了博士后研究人员迅速成长为高水平的研究人才，“小基金发挥了大作用”。

在博士后科学基金的资助下，博士后研究人员的优秀学术成果不断涌现。2013 年，为提高博士后科学基金的资助效益，中国博士后科学基金会联合科学出版社开展了博士后优秀学术专著出版资助工作，通过专家评审遴选出优秀的博士后学术著作，收入《博士后文库》，由博士后科学基金资助、科学出版社出版。我们希望，借此打造专属于博士后学术创新的旗舰图书品牌，激励博士后研究人员潜心科研，扎实治学，提升博士后优秀学术成果的社会影响力。

2015 年，国务院办公厅印发了《关于改革完善博士后制度的意见》(国办发〔2015〕87 号)，将“实施自然科学、人文社会科学优秀博士后论著出版支持计划”作为“十三五”期间博士后工作的重要内容和提升博士后研究人员培养质量的重要手段，这更加凸显了出版资助工作的意义。我相信，我们提供的这个出版资助平台将对博士后研究人员激发创新智慧、凝聚创新力量发挥独特的作用，促使博士后研究人员的创新成果更好地服务于创新驱动发展战略和创新型国家的建设。

祝愿广大博士后研究人员在博士后科学基金的资助下早日成长为栋梁之才，为实现中华民族伟大复兴的中国梦做出更大的贡献。

中国博士后科学基金会理事长

前　言

压电效应是材料中一种机械能与电能互换的现象。具有压电效应的材料称为压电材料。压电材料可以因机械变形产生电场，该效应称为压电效应或顺压电效应；也可以在电场作用下产生机械变形，该效应称为逆压电效应。

压电陶瓷是一种具有压电效应的功能陶瓷材料，利用其压电效应，可以将其用作传感器，如压力传感器、振动传感器等；利用其逆压电效应，可以将其用作执行器，如超声波发生器、压电泵、微纳米作动器等。压电陶瓷作动器具有大输出力、高分辨率、快速响应、高刚度、无回程间隙和无摩擦等优点，被越来越广泛地应用在扫描隧道显微镜、原子力显微镜、微纳米加工等高精密的仪器装备中。压电陶瓷的输入电压与输出位移之间存在迟滞、蠕变和动态效应等明显的非线性，会造成跟踪定位误差，限制了压电陶瓷在高精度跟踪定位等方面的应用。

本书以压电陶瓷作动器为对象，针对压电陶瓷作动器跟踪定位应用中的非线性现象和跟踪定位控制方法进行研究，重点给出基于麦克斯韦模型的非线性建模及补偿和综合控制系统的设计方法。首先，采用商用压电陶瓷作动器搭建微纳米跟踪定位快速原型系统，对其输入电压与输出位移之间的非线性关系进行系统分析；然后，基于快速原型系统非线性特性，以麦克斯韦模型为基础，为了描述非对称、非凸、逆时针等迟滞特性，提出一系列改进模型，并针对迟滞与蠕变及动态效应的耦合，提出基于压电陶瓷的微纳米跟踪定位系统的整体模型，从力学和电学原理出发给出模型的物理机理解释；最后，利用所提出的模型对压电陶瓷作动器的非线性进行补偿，提出迟滞线性化、前馈补偿和反馈矫正的综合控制框架，对迟滞线性化、前馈补偿和反馈矫正的各方面性能进行综合分析。

本书结合具体实验系统，注重理论机理分析与工程应用的结合，强调理论仿真和实验数据的一致性。书中给出的关键仿真程序和模型算法的源代码，可以直接作为压电陶瓷作动器及其在微纳米作动领域学术和应用研究的技术参考。

在此，作者对将自己带入压电陶瓷作动器非线性建模领域的陕晋军教授，一直支持作者科研工作的齐乃明教授等前辈、同事和家人表示由衷的感谢。

刘延芳

2019 年 10 月

目　录

第1章　绪　　论

压电效应是材料中一种机械能与电能互换的现象。1880 年，法国物理学家 Pierre Curie 和 Jacques Curie 在研究石英时首先发现压电效应。具有压电效应的材料称为压电材料。压电材料可以因机械变形产生电场，也可以在电场作用下产生机械变形，这种固有的机-电耦合效应使得压电材料在工程中得到了广泛的应用。例如，利用压电材料制作智能结构，此类结构除具有承载能力外，还具备自诊断性、自适应性和自修复性等功能，在智能建筑、智能机器人、智能飞行器、高精度仪器装备等领域具有重要的潜在应用。压电陶瓷作动器具有大输出力、高分辨率、快速响应、高刚度、无回程间隙和无摩擦等优点，被越来越广泛地应用在高精度的仪器装备中，如扫描隧道显微镜、原子力显微镜、微纳米加工设备等[1-3]。

压电材料知识结构如图 1.1 所示，本书以压电陶瓷作动器为对象，针对压电陶瓷作动器在跟踪定位应用中的非线性现象和跟踪定位控制方法进行研究，重点给出基于麦克斯韦模型的非线性建模及补偿方法和综合控制系统设计方法。本章对压电效应原理和压电材料发展进行概述，并重点对压电陶瓷作动器非线性建模方法和跟踪定位控制方法的研究现状进行综述。

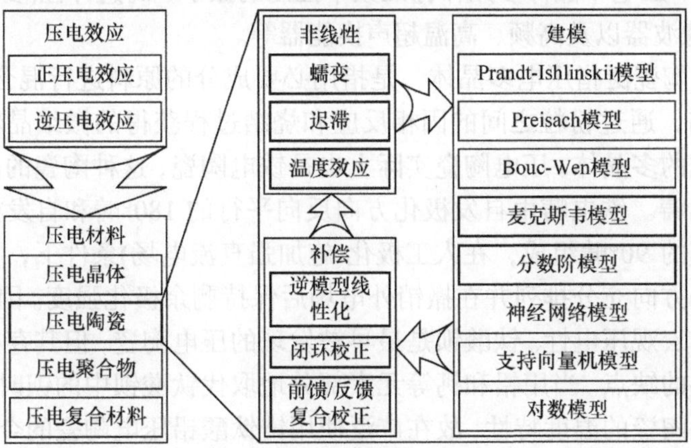

图 1.1　压电材料知识结构

1.1 压电材料及压电效应概述

1.1.1 压电材料发展趋势

明显呈现压电效应的功能材料称为压电材料[4]。一般具有钙钛矿、钨青铜、铋层状等结构的材料能产生压电效应，这些材料的形状一般呈粉体、纤维状、薄膜状或块状。按组成组元分为压电晶体、压电陶瓷、压电聚合物、压电复合材料等。

压电晶体一般指压电单晶体，是指按晶体空间点阵长程有序生长而成的晶体。这种晶体结构无对称中心，因此具有压电性。较早使用的压电晶体除石英晶体之外，还有磷酸二氢钾、磷酸二氢铵、酒石酸乙烯二铵、酒石酸二钾和硫酸锂等。由于性能上的缺陷，仅有石英晶体仍是最重要和用量最大的振荡器、谐振器和窄带滤波器等频控元件的压电材料。除了石英晶体之外，性能好并且使用量大的压电晶体还有铌酸锂和钽酸锂，它们大量地用作声表面波器件。铌镁酸铅单晶体性能优异，近年来，国内外都开始开展对这种材料的研究，但由于其居里温度太低，离实用化尚有一段距离。对弛豫型铁电单晶铌镁酸铅-钛酸铅的研究也非常引人关注，它代表了压电晶体向多元单晶体方向的发展趋势。总体而言，压电单晶体压电性弱，介电常数很小，受切型限制存在尺寸局限；但稳定性很高，机械品质因数高。因此，压电单晶体多用作标准频率控制的振子、高选择性(多属高频狭带通)的滤波器以及高频、高温超声换能器等。

压电陶瓷泛指压电多晶体，是指用必要成分的原料进行混合、成型、高温烧结，通过粉粒之间的固相反应和烧结过程获得的微细晶粒无规则集合而成的多晶体。压电陶瓷实际上也是铁电陶瓷，这种陶瓷的晶粒之中存在铁电畴。铁电畴由自发极化方向反向平行的180°畴和自发极化方向互相垂直的90°畴组成，在人工极化(施加强直流电场)条件下，自发极化依外电场方向充分排列并在撤销外电场后保持剩余极化强度。因此，压电陶瓷具有宏观压电性。钛酸钡是最早被发现的压电陶瓷，但其存在谐频温度特性差的缺点。当用铅和钙等元素部分地取代钛酸钡中的钡时，可以改进钛酸钡陶瓷的温度特性，故在广泛使用锆钛酸铅压电陶瓷的今天，仍有部分压电换能器采用改性的钛酸钡压电陶瓷，如钛酸钡的单元系压电陶瓷、钛酸铅压电陶瓷和锆酸铅压电陶瓷等。钛酸钡陶瓷是一种钙钛矿结构的材料，它具有居里温度高、各向异性大、介电常数小和谐频温度特性比较好等特点，并且频率常数比锆钛酸铅陶瓷高，是一种很有前途的高温高频压电材料。但是钛酸钡陶瓷烧结后，冷却到居里温度时易出现微裂纹，甚至破碎，用常规方法很难获得致密的纯钛酸钡压电陶瓷，故常采用锰、钨、钙、铋等对其进行改性，以改善其烧结性，抑制晶粒长大，从而得到各晶粒细小、各向异性的改性钛酸钡材料。目前，该材料的发展和应用开发仍是许多压电陶瓷工作者关心的课题。锆钛酸铅陶瓷是压电陶瓷材料中用得最多、最广的一种，具有机-电耦合系数高、温度稳定性好、居里温度较高等特点。用钙、镁等元素部分地取代锆钛酸铅中的铅，或者通过添加铌、镧、锑、镍、锰等元素改性后，可以制成不同用途的锆钛酸铅型压电陶瓷。与压电晶体相比，压电陶瓷压电性强、介电常数高、可以加工成任意形状，但机械品质因数较低、电损耗较大、稳定性差，因而适合于大功率换能器、宽带滤波器和微位移驱动器等应用。减小粒径至亚微米级，可以改进材料的加工性能，从而将基片做得更薄；可以提高阵列频率，降低换能器阵列的损耗；可以提高器件的机械强度，减小多层器件每层的厚度，从而降低驱动电压。但减小粒径的同时也带来了降低压电效应的负面影响。改变传统的掺杂工艺，可以使细晶粒压电陶瓷压电效应增加到与粗晶粒压电陶瓷相当的水平。因此，晶粒细化和掺杂工艺改良成为近期压电陶瓷研究和应用开发的热点。

压电聚合物是指对外力作用产生电极化、对施加电场产生对应应变的有机聚合物材料，通常为非导电性高分子材料。具有较强压电性的典型压电聚合物有聚偏二氟乙烯及其共聚物、聚氟乙烯和聚氯乙烯等。利用电子束辐照改性聚偏二氟乙烯共聚物，可以使其具备产生大伸缩应变的能力，从而为研制新型聚合物驱动器创造了有利条件。与压电陶瓷和压电晶体相比，压电聚合物具有比压电陶瓷高很多的压电电压常数，是更好的传感器材料；而且，轻质、高韧性、高强度、柔性，适合于大面积加工和可剪裁成复杂形状的特点，也为压电聚合物传感器和驱动器的加工提供了很高的灵活性。同时，压电聚合物具有低密度、耐冲击、显著的低介电常数、对电压的高度敏感性、低声阻抗和机械阻抗、较高的介电击穿电压等优势，在技术应用领域和器件配置中占有其独特的地位[5]。

压电复合材料是由两种或多种材料复合而成的压电材料。常见的压电复合材料为压电陶瓷和压电聚合物的两相复合材料。这种复合材料兼具压电陶瓷和压电聚合物的性能，并能产生两相都没有的特性，具有很好的柔韧性和加工性能，具有较低的密度，容易和空气、水、生物组织实现声阻抗匹配。此外，压电复合材料还具有压电常数高的特点，可以根据需要，综合二相材料的优点，制作性能良好的换能器和传感器。它的接收灵敏度很高，比普通压电陶瓷更适合于制作水声换能器。在超声波换能器和传感器方面，压电复合材料也有较大优势，在医疗、传感、测量等领域有着广泛的应用。

1.1.2 压电效应基本原理

广义的压电效应可分为正压电效应和逆压电效应，是两者的总称。通常所讲的压电效应是狭义的压电效应，仅指正压电效应。

正压电效应又称为顺压电效应，是指当压电体受到外力作用时，内部产生电极化的现象。在外力作用下，正压电效应导致压电体的某两个表面产生符号相反的束缚电荷；当外力撤去时，压电体又恢复到不带电的状态；当外力作用方向改变时，表面束缚电荷的极性随之改变；压电体受力所产生的束缚电荷密度/电荷量与外力的大小成正比。利用正压电效应，可以将压电材料制作成压电式传感器，如压电式力传感器、压电式加速度计、超声波传感器、压电式冲击传感器和压电麦克风等。

逆压电效应是指当压电体在极化方向上受到外电场作用时，内部极化状态发生改变，并导致压电体某方向上产生机械变形的现象。当外电场去掉时，压电体变形随之消失；当外电场施加方向改变时，压电体机械变形方向随之改变；压电体在外电场作用下产生的机械变形与外电场的强度成正比。压电陶瓷作动器是利用逆压电效应制成的微位移驱动器，而压电蜂鸣器和压电超声发生器等是利用逆压电效应制成的电-声换能器。

压电效应的机理是，具有压电性的晶体对称性较低，当受到外力作用发生形变时，晶胞中正负离子的相对位移使正负电荷中心不再重合，导致晶体发生宏观极化。晶体表面电荷面密度等于极化强度在表面法向上的投影，所以当压电材料受压力作用形变时两端面会出现异号电荷。反之，当压电材料在极化方向上施加电场时，正负电荷中心不重合，晶胞在电场力作用下内部出现较强的内应力而导致机械变形。

1.2　压电陶瓷作动器非线性及其建模方法

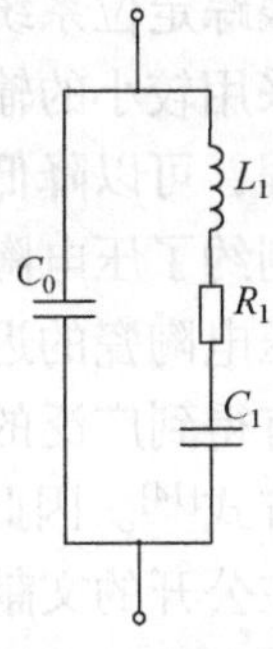

图 1.2　压电陶瓷作动器的集中参数线性模型

压电陶瓷作动器(piezoelectric actuator, PEA)是在外电场作用下通过变形输出位移的作动元件，通常采用电压或者电荷进行驱动。电气和电子工程师协会标准委员会在 1987 年发表了有名的压电陶瓷作动器的标准[6]。该标准中包含了两个线性构造关系。如图 1.2 所示，电阻 R_1、电感 L_1 和电容 C_1 并不是真实的物理器件，是从电学角度对压电陶瓷作动器引起的机械振动的外观表现进行描述[7]。虽然该模型应用广泛，但是它并不能描述压电陶瓷的非线性[7, 8]。

当采用电压进行驱动时，压电陶瓷作动器的输出位移与输入电压之间表现出较强的非线性，主要表现为迟滞(hysteresis)非线性、蠕变(creep)非线性和动态效应(dynamic effect)。

1.2.1　迟滞非线性

迟滞通常指输入电压与输出位移之间的不平滑、具有记忆的非线性现象，表现为输出位移不仅与当前的输入电压有关，而且与过去的输入电压有关。迟滞所涉及的记忆效应是一种非局部记忆效应，具体地讲，迟滞导致输出位移与过去输入电压的峰值相关。通常所说的迟滞是指准静态迟滞(quasi-static hysteresis)，与输入电压变化速率无关，又称为速率无关迟滞(rate-independent hysteresis)。但是，在实际的压电陶瓷微纳米跟踪定位系统中，由于输出位移还耦合着压电陶瓷的蠕变效应和机械部分、驱动放大器、位移传感器等导致的动态效应，观察得到的迟滞表现出与输入电压变化速率相关的现象。

迟滞导致压电陶瓷微纳米跟踪定位系统从输入电压到输出位移的增益与输入电压的幅值相关，即幅值相关增益(amplitude-dependent gain)。低幅值电压信号激励时开环增益小，激励电压幅值增加时开环增益增加；反之亦然。这个特性给闭环控制器设计带来了很大困难，即高增益反馈控制器可能导致在跟踪大幅值信号时系统不稳定，减小控制器增益会导致跟踪误差增加、跟踪性能下降。迟滞现象限制了压电陶瓷的性能，降低了跟踪定位精度，造成的误差可以达到满行程的 15%[9, 10]，甚至导致压电陶瓷微纳米跟踪定位系统的不稳定[2]。

采用较小的输入电压使压电陶瓷作动器工作在线性区域内，如 10%最大行程，可以降低迟滞效应[11]。但是这明显限制了压电陶瓷的有效行程，严重制约了压电陶瓷作动器的应用。通过电荷放大器驱动压电陶瓷也可以降低压电陶瓷的迟滞效应[2,9,12,13]。但是由于成本等因素，电荷驱动放大器并没有得到广泛的应用，采用电压驱动仍然是应用最为广泛的压电陶瓷的驱动方式[14]。因此，迟滞非线性的建模和补偿受到了广泛的关注。

在公开的文献中，Preisach 模型[11,15-19]和 Prandt-Ishlinskii 模型[20-27]是两种应用比较广泛的迟滞模型。这两种模型都属于具有 Preisach 记忆的算子，给出的是压电陶瓷作动器中观察到的迟滞现象的一种数学描述，很少从物理原理上给出解释。神经网络模型[28]、Bouc-Wen 模型及其改进模型[29]、支持向量机模型[30]等，也广泛用于迟滞的建模和补偿。但这些模型都是对所观察迟滞现象的数学描述。

麦克斯韦模型(Maxwell model)是另一种比较受欢迎的迟滞模型，广泛用于描述滑动前摩擦(pre-slide friction)的特性[31-34]，在力学上具有明确的物理意义和解释。1997 年，Goldfarb 和 Celanovic 将麦克斯韦模型引入到压电陶瓷的电学部分，用于描述输入电压和输出电荷之间的迟滞现象，提出了一种压电陶瓷作动器的机电一体化模型，称其为麦克斯韦阻容(Maxwell resistive capacitor, MRC)模型[7, 35-38]。该模型包含力学部分、电学部分和力-电换能部分，可以给出明确的物理原理解释。本书作者进一步给出其电学原理解释[39, 40]。麦克斯韦模型计算量小、评估方便、具有可靠的参数辨识方法[33, 36-38, 41]。同时，前向迟滞模型和逆模型采用同一组方程描述，意味着两者都可以直接建立起来。换句话讲，通过将压电陶瓷作动器的输出位移作为模型的输入、将压电陶瓷作动器的输入电压作为模型的输出，可以直接建立逆模型并辨识其参数。麦克斯韦模型是准静态的，适合于速率无关迟滞，而且得到的迟滞环是凸和反对称的。但并不是所有的压电陶瓷微纳米跟踪定位系统中的迟滞环都满足凸和反对称性。同时，由于压电陶瓷微纳米跟踪定位系统输出位移中耦合着蠕变和动态效应的影响，观察到的迟滞表现出与输入电压变化速率相关的性质。通过在麦克斯韦模型中引进一个非线性单元来拟合非对称迟滞，对主迟滞环获得了很好的拟合效果[38]。但是，非线性弹簧并不能适应不同的迟滞环，导致在拟合中迟滞环和小迟滞环时产生了明显的误差。

狭义的迟滞通常仅指速率无关迟滞，广义的迟滞考虑频率变化的影响，即速率相关迟滞。为了描述速率相关迟滞，学者对前面提出的模型进行了扩展和改进[25, 42, 43]。另一种考虑动态效应的方法是将速率相关迟滞等效为速率无关迟滞和高阶动力学及蠕变等环节的叠加[11, 13]。因此，迟滞建模的重点在于速率无关迟滞的建模。

1.2.2 蠕变非线性

压电陶瓷的蠕变是材料剩余极化效应，宏观表现为：即使输入电压保持为一个常值，压电陶瓷体的变形也会随时间连续缓慢变化。当一个较大幅值的输入电压施加到压电陶瓷体时，其输出位移会快速变化来响应电压的变化，这一过程持续时间很短，通常不足 0.1s；但是由于蠕变非线性，这之后输出位移存在缓慢的爬行，通常会持续几分钟甚至几十分钟。爬行的快慢为蠕变速率，爬行导致的输出位移的变化量为蠕变量，蠕变速率和蠕变量与材料的种类密切相关。蠕变非线性主要影响压电陶瓷微纳米跟踪定位系统的绝对定位精度，是制约许多压电陶瓷应用的一个重要因素，特别是在低频或者静态应用中具有显著影响。例如，在扫描探针显微镜的典型操作模式中，被测量的试样在测量过程中不仅需要精确定位，而且需要保持位置不动[44, 45]，当测量持续一个较长周期时，测量的图像会由于蠕变的影响而发生扭曲[15]。快速操作压电陶瓷，缩短操作时间，可以减小压电陶瓷蠕变效应的影响，但制约了压电陶瓷的应用。

在公开文献中，主要有两类蠕变模型：对数蠕变模型[20, 24, 44-48]和线性时不变(linear time-invariant，LTI)蠕变模型[15, 21-23, 25, 26]。

对数蠕变模型认为压电陶瓷微纳米跟踪定位系统在输入阶跃电压时输出位移与对数时间呈线性关系，即

$$y_{\mathrm{p}}(t)=y_1\left(1+\gamma\lg\frac{t}{t_1}\right) \tag{1.1}$$

式中，$y_{\mathrm{p}}(t)$——压电陶瓷作动器的输出位移；

t_1——开始考虑蠕变效应的时刻；

y_1——在 t_1 时刻的位移；

γ——控制蠕变速率的常值参数。

如图 1.3 所示，LTI 蠕变模型通过一系列的弹簧和阻尼器的串并联来描述压电陶瓷作动器的蠕变现象，其控制方程可以表示为

$$G(s)=\frac{Y(s)}{U(s)}=\frac{1}{k_0}+\sum_{i=1}^{n}\frac{1}{c_i s+k_i} \tag{1.2}$$

式中，$U(s)$——系统输入的拉普拉斯变换；

$Y(s)$——系统输出的拉普拉斯变换；

k_i——弹簧 i 的刚度系数；

c_i——阻尼器 i 的阻尼系数。

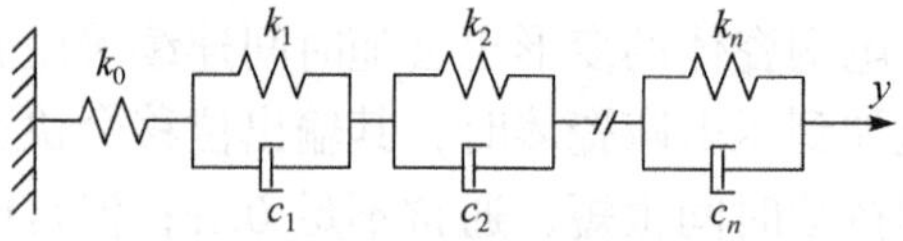

图 1.3 LTI 蠕变模型

上述两个模型在一些应用中很有价值，但是它们只是从现象上对迟滞进行了描述，并不能从物理原理上给出解释。实际上，介电材料并非理想的电阻或者电容，它们本身就具有分数阶特性，其分数阶阻抗为 $1/[(jw)^{\alpha}C_F]$，其中，$\alpha\in\mathbf{R}^{+}$[49, 50]。压电陶瓷作为一种介电材料，同样呈现出分数阶动力学行为，表现为输出对过去输入的长期依赖，即具有长期记忆效应。而分数阶系统恰是很好地描述具有长期记忆效应的有力工具[51]。当一个积分阶次为 0～1 的分数阶积分器在响应阶跃输入时，输出分为明显的两个阶段：初始时快速响应输入的变化，而后输出存在缓慢的爬行。而且，积分阶次越低，初始响应越迅速，而后期爬行越缓慢。因而，分数阶积分器是描述蠕变现象的理想工具。基于介电材料的分数阶动力学，可以将压电陶瓷的蠕变现象建模为分数阶系统，更具体地讲，建模为分数阶积分器[39, 52]。

1.2.3 动态效应

压电陶瓷微纳米跟踪定位系统动态效应主要由压电陶瓷作动器的机械部分、驱动放大器和位移传感器等环节的动力学行为引起，在高频应用时具有显著的影响。动态效应可以建模为具有合适阶次的线性系统。采用

幅值足够小的激励信号施加到压电陶瓷作动器,从而忽略蠕变和迟滞非线性的影响,可以从输入-输出的频率特性,将动态效应辨识为线性系统[11, 53, 54]。但是,由于迟滞非线性的影响,不同幅值的输入信号下得到的频率响应是不同的,上述辨识得到的线性系统耦合了迟滞非线性的影响。因此,首先对压电陶瓷微纳米跟踪定位系统的迟滞进行补偿;然后,针对补偿后的系统进行频率响应分析,辨识得到描述动态效应的线性系统。这种方式可以有效地减小迟滞非线性的影响,得到比较准确的动态效应的模型[55, 56]。

从压电陶瓷微纳米跟踪定位系统的频率响应来看,存在三个现象:增益与输入信号的幅值相关、低频时增益随频率增加缓慢下降(下降斜率远小于–20dB/dec)、高频时增益迅速下降。上述三个现象可以简单地认为分别是由迟滞非线性、蠕变非线性和动态效应引起的。

在考虑动态效应的压电陶瓷微纳米跟踪定位系统的模型中,通常将系统建模为准静态迟滞与线性系统级联的形式[3,11,13]。这些文献中,同时涉及迟滞非线性、蠕变非线性和动态效应的压电陶瓷微纳米跟踪定位系统的一体化建模比较少。文献[57]针对压电悬臂梁给出了比较完善的模型,其中,采用 Prandt-Ishlinskii 模型描述迟滞,采用线性系统描述蠕变和悬臂梁的振动。文献[15]中采用线性系统同时描述蠕变和振动,采用 Preisach 模型描述迟滞。文献[58]没有对迟滞和蠕变进行建模,而是采用高增益反馈控制器对它们进行补偿,并把剩余的动力学建模为一个线性系统。

1.3 基于压电陶瓷作动器的跟踪定位控制方法

为了减小非线性对压电陶瓷微纳米跟踪定位系统性能的影响,实现高精度和快速地跟踪定位,学者提出各种各样的控制器结构,简单地可以分为线性化、前馈补偿和反馈控制等三个环节。

1.3.1 线性化与前馈补偿

对压电陶瓷微纳米跟踪定位系统中迟滞、蠕变等非线性进行线性化,通常采用逆模型完成,即建立非线性模型并求解逆模型,或者直接建立逆模型,然后将逆模型与压电陶瓷作动器串联,通过逆模型对压电陶瓷的输入电压进行预处理,从而实现压电陶瓷微纳米跟踪定位系统的输出位移高精度地跟踪输入所代表的期望位移。

以对迟滞非线性进行线性化为例，如图 1.4(a)所示，将逆迟滞模型 H^{-1} 与压电陶瓷作动器串联，期望位移信号 y_d 经过逆迟滞模型 H^{-1} 预处理后，获得压电陶瓷作动器的激励电压信号 u_p 并施加到压电陶瓷作动器，从而得到压电陶瓷作动器的输出位移 y_p。

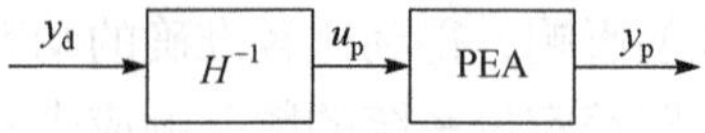

(a) 基于逆模型的迟滞线性化

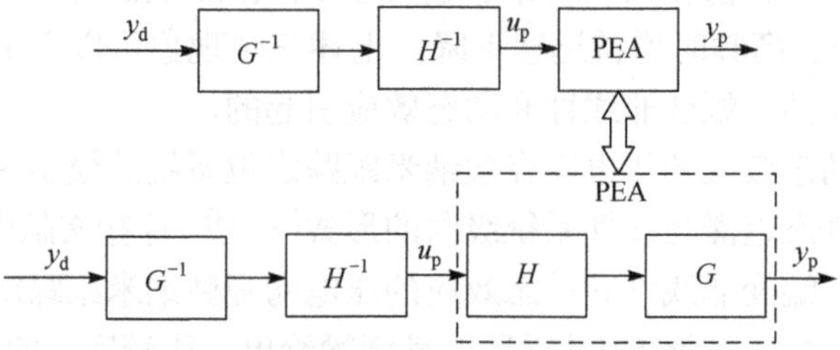

(b) 基于级联模型的前馈补偿

图 1.4 迟滞非线性线性化和前馈补偿控制

在本书中，如无特别说明，在针对压电陶瓷作动器或者压电陶瓷微纳米跟踪定位系统的描述中，前向模型统一指描述从输入电压到输出位移的全部或部分现象的映射，也简称为模型。例如，压电陶瓷作动器的迟滞模型是指描述压电陶瓷作动器的输入电压到输出位移之间迟滞环现象，或增益与输入幅值相关现象的映射；压电陶瓷作动器的蠕变模型是指描述压电陶瓷作动器的输入电压到输出位移之间，输出位移在快速响应输入电压变化后的缓慢爬行现象的映射；动态效应模型是指压电陶瓷微纳米跟踪定位系统在高频输入电压的激励下，输入电压到输出位移的增益随频率快速下降、相位滞后现象的映射。与前向模型相对应，逆模型是前向模型的逆映射，即描述从输出位移到输入电压的全部或部分现象的映射。

正如 1.2 节中所述，为了实现对非线性的线性化，学者提出了各种各样的模型，包括 Preisach 模型、Prandt-Ishlinskii 模型、麦克斯韦模型、Bouc-Wen 模型等迟滞模型和对数蠕变模型、LTI 蠕变模型、分数阶模型等，为了进一步同时描述迟滞和蠕变的耦合作用，学者对迟滞模型进行改进或者将迟滞模型和蠕变模型进行综合[24, 25, 39, 42, 43]。

上述模型中，如 Prandt-Ishlinskii 模型和麦克斯韦模型等具有双向特性，即前向模型和逆模型都采用同一组方程进行描述，且模型参数之间存在显式解析关系，即可以通过辨识得到的前向模型直接给出逆模型及参数，也可以直接辨识压电陶瓷作动器的逆模型。在直接辨识逆模型时，需要颠倒压电陶瓷作动器和模型的输入-输出关系，即以压电陶瓷作动器的输出位移为模型的输入、以压电陶瓷作动器的输入电压为模型的输出。而对于其他的模型，逆模型的求解有时需要采用近似的方法或者迭代的方式。当将压电陶瓷微纳米跟踪定位系统建模为迟滞非线性模块和线性系统级联的模型时，基于逆模型的前馈补偿可以利用各自模块的逆模型完成，如图 1.4(b) 所示。

也有学者提出基于数据的智能模型，如最小二乘支持向量机模型、神经网络模型等，这些模型基于压电陶瓷微纳米跟踪定位系统的输入电压和输出位移数据，并没有从原理上限制描述迟滞或者蠕变。因此，它们实际上是一种同时描述迟滞和蠕变的模型，甚至也可以认为其包含了动态效应。这样的模型仅是从数学上给出两组变量之间的映射关系，具有很强的灵活性，既可以用于描述前向模型，也可以用于直接建立逆模型，仿真结果也表明它们可以达到很高的预测精度，但也反映出它们对一些参数十分敏感，而且强烈依赖于输入数据的丰富性。

前馈补偿在压电陶瓷作动器的驱动控制上很受欢迎，一方面，基于逆模型的前馈补偿不需要位移传感器，即可以显著改善系统的跟踪性能[11, 12, 42]。另一方面，如果可以增加位移传感器，前馈补偿与反馈控制的联合可以进一步提高系统在存在扰动和参数不确定性情况下的跟踪性能[19, 59]。前馈补偿控制和前馈/反馈综合的控制器也应用在电荷驱动的压电陶瓷作动器上[12]。在文献[60]和[61]中，作者提出了一种通过图像来实现前馈轨迹预处理的补偿方法，应用于小范围扫描。但是在采用电荷驱动[2, 9, 12, 62]和小范围扫描[2, 11]时，忽略了压电陶瓷的非线性。

通过前馈补偿实现迟滞非线性的线性化通常包含三个环节，即迟滞非线性的建模、模型参数的辨识和逆模型的构建。前馈补偿不需要采用位移传感器，可以节省空间、降低成本，尤其适合于参考位移已知的情况。然而，前馈补偿的主要挑战在于如何构建一个足够精确的模型，并精确获取模型的参数。实际情况中，一方面模型很难反映压电陶瓷微纳米跟踪定位系统的全部非线性和动态特性，特别是在高频时，往往存在未建模动态；

另一方面，由于测量数据中包含扰动、噪声等，辨识得到的模型参数都会包含一定的误差。同时，模型的参数本身可能就不是确定值，会随着载荷、温度等工作条件的变化而变化，且会由于老化等因素随着时间发生变化。模型和参数的误差、噪声及扰动的影响等都制约了压电陶瓷微纳米跟踪定位系统的性能，带来了跟踪误差。可以采用参数在线辨识和闭环反馈控制两种方式解决模型和参数的误差造成跟踪性能下降的问题。

1.3.2 反馈控制

闭环反馈控制技术，通过测量压电陶瓷作动器的输出位移，并与期望位移进行比较，采用一定的控制算法生成压电陶瓷的驱动电压信号，达到提高压电陶瓷跟踪性能的目的[63-66]。含积分项的控制器[2]能够在低频时实现高增益，从而抑制蠕变和迟滞效应。比例积分微分(proportional-integral-derivative, PID)控制器和双积分控制器十分适合于压电陶瓷微纳米跟踪定位系统[19,53,54,67]。鲁棒线性控制器[53,54,68]、自适应控制器[69]和滑膜控制器[28,63-65,70-72]等也广泛应用于压电陶瓷微纳米跟踪定位系统。这些控制器通常采用高增益来抑制低频的蠕变和迟滞非线性。反馈控制可以在低频实现高性能的跟踪，但在某些条件下由于成本和安装位移传感器的空间限制而并不容易实现[10]。压电陶瓷的强非线性也会导致单独采用反馈控制难以实现期望的效果，甚至导致系统的不稳定[2,10,14]。同时，受闭环带宽的限制，单独采用闭环控制难以实现高频跟踪。

由于前馈补偿和反馈矫正两种控制方式有各自的优缺点，高精度的快速跟踪控制通常将两者综合起来，利用前馈补偿来减小系统的非线性、降低反馈控制器的设计难度、提高系统的带宽；利用反馈控制来减小模型误差和未建模动态造成的偏差、抑制扰动和噪声[2,13]。前馈补偿和反馈矫正综合控制框架如图 1.5 所示，可以通过反馈回路线性化压电陶瓷微纳米跟踪定位系统，然后采用闭环系统的逆动力学模型设计前馈控制器补偿闭环动力学的滞后[11,58,65]，从而提高高频的性能，如图 1.5(a)所示。另一种综合方式是在闭环控制系统中增加前馈补偿回路，通过前馈补偿回路增强反馈控制器，在迟滞非线性造成误差之前对误差进行补偿，从而提高闭环系统的性能[19,66,72-74]，如图 1.5(b)所示。

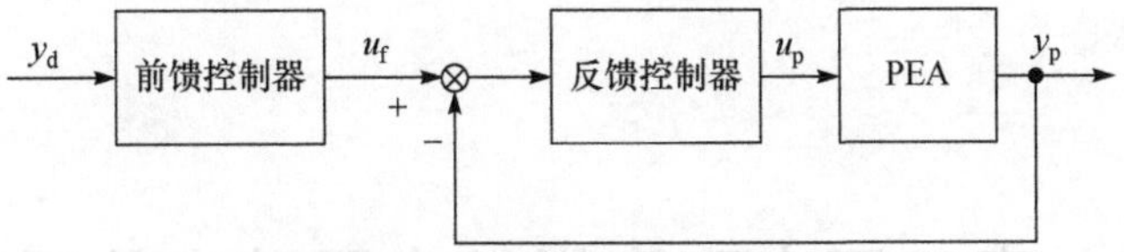

(a) 基于闭环系统逆动力学的前馈补偿

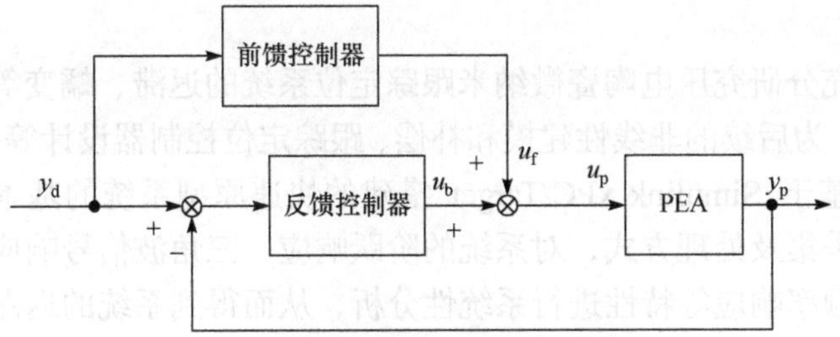

(b) 前馈补偿回路增强的闭环控制系统

图 1.5 前馈补偿和反馈矫正综合控制框架

1.4 章 节 安 排

本书以压电陶瓷作动器为研究对象，主要基于麦克斯韦模型，研究压电陶瓷作动器跟踪定位应用中的非线性现象，并给出非线性的线性化、前馈补偿和反馈矫正的控制器结构。本书的其他章节安排如下：

第 2 章介绍本书所采用的实验系统，并对实验信号、实验数据的采集和实验数据的处理进行说明。在上述基础上，对实验系统的输入电压-输出位移的特性进行系统性分析，包括阶跃响应、三角波信号响应、频率响应等。

第 3 章系统性介绍麦克斯韦模型，并针对非凸、非对称迟滞对麦克斯韦模型进行改进，给出一般化麦克斯韦模型，进一步给出分布参数的麦克斯韦模型。

第 4 章考虑迟滞非线性与蠕变非线性和动态效应的耦合，提出分数阶蠕变，并集成到麦克斯韦模型，得到分数阶麦克斯韦模型；同时给出麦克斯韦模型的电学原理解释、非线性补偿和动态效应建模，得到压电陶瓷作动器的系统化模型。

第 5 章介绍综合控制器设计方法，包括前馈补偿控制器和反馈矫正控制器，并分析反馈矫正采用的时机。

第 2 章　压电陶瓷微纳米跟踪定位系统

为了充分研究压电陶瓷微纳米跟踪定位系统的迟滞、蠕变等非线性和动态效应，为后续的非线性建模和补偿、跟踪定位控制器设计等提供依据，本章给出基于 Simulink xPC/Target 搭建的快速原型系统的基本组成及性能、数据采集及处理方式，对系统的阶跃响应、三角波信号响应、阶梯信号响应和频率响应等特性进行系统性分析，从而得到系统的迟滞、蠕变及动态效应等特性。

2.1　实验系统及数据处理

2.1.1　实验系统组成

压电陶瓷微纳米跟踪定位快速原型系统采用 Simulink xPC/Target 实时仿真的系统框架，如图 2.1 所示，包括宿主机、目标机和压电陶瓷作动器等。

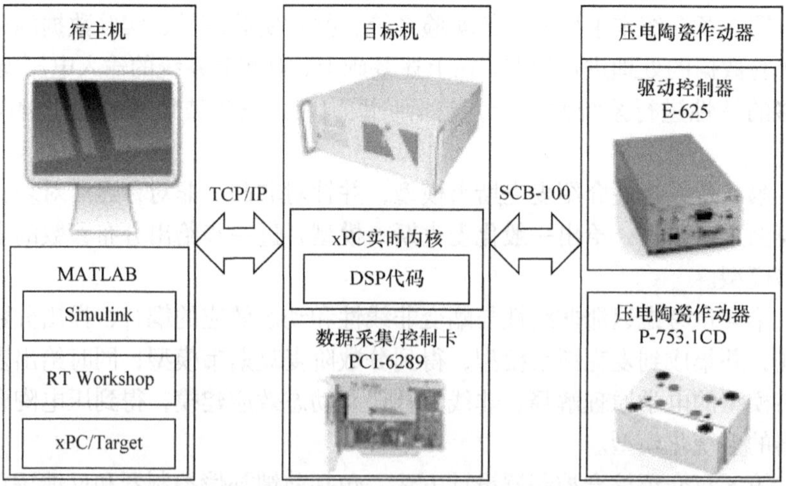

图 2.1　压电陶瓷微纳米跟踪定位快速原型系统框架

压电陶瓷作动器采用 Physik Instrumente 公司的 P-753.1CD，集成的电容传感器能够直接测量输出位移，采用驱动控制器 E-625 驱动控制并采集由电容传感器测量到的输出位移。压电陶瓷作动器 P-753.1CD 和驱动控制器 E-625 的主要性能参数分别如表 2.1 和表 2.2 所示。

表 2.1　压电陶瓷作动器 P-753.1CD 的主要性能参数

项目	指标	误差	项目	指标	误差
集成传感器	电容式	—	行程	12μm	校准
闭环分辨率	0.05nm	典型值	重复精度	±1nm	典型值
闭环线性度	0.03%	典型值	偏转角	±5μrad	典型值
运动方向刚性	45N/μm	±20%	电容	1.5μF	±20%
空载谐振频率	5.6kHz	±20%	工作温度	−20～80℃	—
谐振频率(200g 负载)	2.5kHz	±20%	尺寸	44mm×30mm×15mm	—
运动方向推/拉力	100N/20N	最大值	质量	0.16kg	±5%
垂直/水平负载能力	10kg/2kg	最大值			

表 2.2　驱动控制器 E-625 的主要性能参数

项目	内容	项目	内容
输入电压范围	−2～12V	峰值电流	120mA
输出电压范围	−30～130V	电压增益	10±0.1
平均输出电流	60mA	输入阻抗	100kΩ
噪声(<100kHz)	0.8mV(1σ)	偏转角	±5
过热保护温度	75℃	质量	1.05kg
尺寸	205mm×105mm×60mm	工作温度	5～50℃

目标机采用工控机，通过 PCI 接口扩展了一张 National Instruments 公司的数据采集/控制卡 PCI-6289，通过连接器 SCB-100 与驱动控制器 E-625 连接。数据采集/控制卡 PCI-6289 的主要性能参数如表 2.3 所示。宿主机采用普通商用计算机，在 MATLAB 环境下配置 Simulink xPC/Target，生成

xPC/Target 实时内核并运行在目标机上。目标机和宿主机之间采用 TCP/IP 通信。实验程序在宿主机上 MATLAB 环境下编译，并下载到目标机上，在实时内核中运行。所有的实验均在普通室温环境中开展。

表 2.3　数据采集/控制卡 PCI-6289 的主要性能参数

项目	内容	项目	内容
模拟输入通道数量	16(差分)/32(单端)	模拟输入分辨率	18bit
采样频率	625kHz(单通道) 500kHz(多通道)	输入电压范围	±0.1V、±0.2V、±0.5V、 ±1V、±2V、±5V、±10V
计时分辨率	50ns	计时精度	50×10^{-6}采样速率
最大工作电压	±11V(AI-GND)	输入电流零偏	±100pA
小信号带宽	750kHz(滤波器关) 40kHz(滤波器开)	输入缓冲区	2047S
		模拟输出通道数量	4
模拟输出分辨率	16bit	输出电压偏置	0V、5V
最大输出速率	单通道 2.86MS/s 双通道 2.00MS/s 三通道 1.54MS/s 四通道 1.25MS/s	输出电压范围	±10V、±5V、±2V、±1V
		最大输出电压	±11V
		输出阻抗	0.2Ω
		输出驱动电流	±5mA
过压保护	±25V	调节时间	3μs
过流保护	±20mA	电压转换速率	20V/μs

2.1.2　实验数据处理

在快速原型系统中，数据采集/控制卡的输出电压范围选择为±10V，驱动控制器 E-625 的电压增益为 10。因此，施加到压电陶瓷作动器 P-753.1CD 的电压范围为±100V。驱动控制器 E-625 与压电陶瓷作动器 P-753.1CD 组成的系统的输入电压到输出位移之间的灵敏度约为 1μm/V(实测值为 1.073μm/V)。因此，为了防止压电陶瓷退磁化，驱动控制器 E-625 的输入电压控制在 0～10V，对应的压电陶瓷作动器 P-753.1CD 的输出位移为 0～10μm。实际实验中，为了防止长期高频大行程导致的损坏，驱动控制器 E-625

的输入电压限制在 0～7V，多数时候采用 0～5V。驱动控制器 E-625 的采集通道，从电容传感器的输出位移到测量电压之间的灵敏度为 1.2μm/V。

在后面如无特殊说明，施加电压或者输入电压均指输入驱动控制器 E-625 的电压，用符号 u_p 表示，其中下标 p 代表压电陶瓷，为“piezoelectric”的首字母；而输出位移均指驱动控制器 E-625 测量的电压经灵敏度换算后对应的位移，用符号 y_p 表示。同时，采用以下的基本约定：

(1) 期望压电陶瓷微纳米跟踪定位系统输出位移为期望位移，用符号 y_d 表示，其中下标 d 表示期望，是“desire”的缩写。

(2) 前向模型输出位移用符号 y_m 表示，下标 m 表示模型，是“model”的缩写，在需要区分不同的模型时采用具体模型的缩写替代。

(3) 逆模型的输出电压用符号 u_m 表示，下标含义同(2)。

在本书中，为了方便麦克斯韦模型建模，在完成压电陶瓷作动器初始化后，根据压电陶瓷作动器初始化的最大行程，对输入电压和输出位移进行平移处理，将数据的原点平移至初始化行程输入电压和输出位移的中点。假设压电陶瓷作动器工作在对应输入电压为 $0 \sim u_{p,M}$，而对应的输出位移为 $y_p \in [y_{p,m}, y_{p,M}]$，则平移处理后的输入电压和输出位移分别为

$$\hat{u}_p = u_p - \frac{u_{p,M}}{2} \tag{2.1}$$

$$\hat{y}_p = y_p - \frac{y_{p,m} + y_{p,M}}{2} \tag{2.2}$$

式中，$u_{p,M}$——初始化时最大输入电压；

$y_{p,m}$——初始化时最小输出位移；

$y_{p,M}$——初始化时最大输出位移。

在不加特别说明和不致误解的情况下，本书省略掉平移后信号 $\hat{x}$ 上的尖帽。

为了评价不同模型对实验结果的拟合精度或者不同控制器对期望位移的跟踪性能，引进均方根误差(root mean square error, RMSE)和最大误差(maximum error, ME)两个指标为评价指标，分别定义如下：

$$e_{RMSE} = \sqrt{\frac{1}{N}\sum_{i=1}^{N}(y_{p,i} - y_{m,i})^2} \tag{2.3}$$

$$e_{\mathrm{ME}} = \max_i |y_{\mathrm{p},i} - y_{\mathrm{m},i}| \tag{2.4}$$

式中，e_{RMSE}——均方根误差；

e_{ME}——最大误差；

N——采样点数量。

式(2.3)和式(2.4)给出了前向模型精度的评价指标；如果将下角 p 和 m 分别替换为 d 和 p，则上述指标成为压电陶瓷作动器的评价指标；如果将变量 y 替换为 u，则上述指标成为逆模型的评价指标。

为了方便对不同幅值信号进行比较，将信号进行正则化：

$$\overline{x} = \frac{x}{x_{\mathrm{M}}} \tag{2.5}$$

式中，x——待正则化的信号；

$\overline{x}$——正则化信号；

x_{M}——最大值。

式(2.5)的含义为采用对应信号的最大值对相关信号进行正则化，在最大值信号难以获取或者无法定义时，也会采用某一个时刻 t 的信号值进行正则化，此时只需将式(2.5)中的 x_{M} 替换为 $x(t)$ 。在不加特别说明和不致误解的情况下，本书省略掉正则化信号 $\overline{x}$ 上的短横线。

2.1.3 压电陶瓷作动器初始化

压电陶瓷作动器是一个比较复杂的元件，它具有很多内部状态。这些内部状态在施加激励电压以前是未知的，存在很大的不确定性。如图 2.2 所示，内部状态的不确定性导致在初始时刻施加零输入电压($u_{\mathrm{p}}|_{t=0} = 0$)时压电陶瓷的输出位移不为零($y_{\mathrm{p}}|_{t=0,u_{\mathrm{p}}=0} \neq 0$)，存在不确定性和随机性，而且在保持输入电压为零的情况下，输出位移存在明显的漂移($y_{\mathrm{p}}\big|_{t>0,u_{\mathrm{p}}=0} \neq$ 常数)。

通过加载一定规律的输入电压，可以消除压电陶瓷作动器内部状态的不确定性，从而避免输出位移的不确定性和漂移。本书中主要采用的初始化输入电压信号为

$$u_{\mathrm{p}}(t) = a(t)\sin(\omega t) \tag{2.6}$$

$$a(t) = u_{\mathrm{p,M}} - rt \tag{2.7}$$

式中，$u_{\mathrm{p,M}}$——最大输入电压，需要覆盖期望的行程，$u_{\mathrm{p,M}} \in \mathbf{R}^{+}$；

$a(t)$——幅值衰减函数；

r——幅值递减速率，$r \in \mathbf{R}^{+}$；

ω——角频率，$\omega \in \mathbf{R}^{+}$。

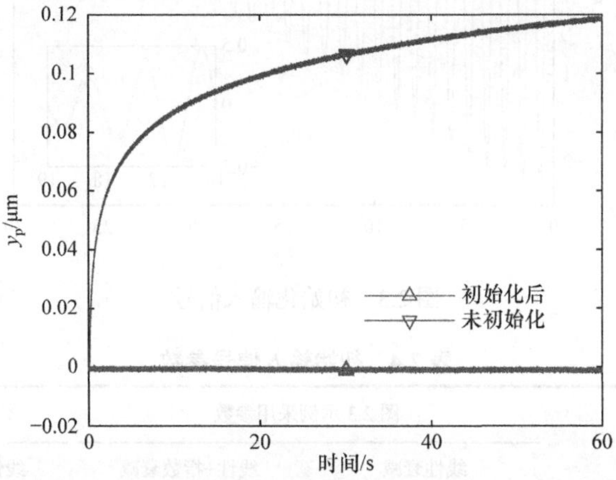

图 2.2　零输入响应

如图 2.3 所示，上述初始化输入信号是一个幅值递减的正弦信号，对应的参数在表 2.4 中给出。初始化输入信号幅值衰减的速率受设计参数 r 控制，每个周期的幅值的衰减量称为幅值分辨率 Δa，即

$$\Delta a = \frac{2\pi r}{\omega} \tag{2.8}$$

上述初始化输入信号将压电陶瓷作动器内部状态驱动到近零状态，与零的接近程度由幅值分辨率控制。因此，从这个意义上，幅值分辨率也是剩余非零状态。实际上，根据后面给出的麦克斯韦模型，类似上述信号具有幅值递减的周期信号都能够将内部状态驱动到近零状态，其基本原理将在后面结合麦克斯韦模型进行解释。本书将压电陶瓷作动器内部状态为零的状态称为松弛状态(relax state)。

初始化信号的角频率 ω 不宜过大，过大会引入动态效应的影响；也不宜过小，过小会引入蠕变的影响，同时导致初始化时间过长。初始化信号参数的具体设计需要结合幅值分辨率和初始化时间进行。

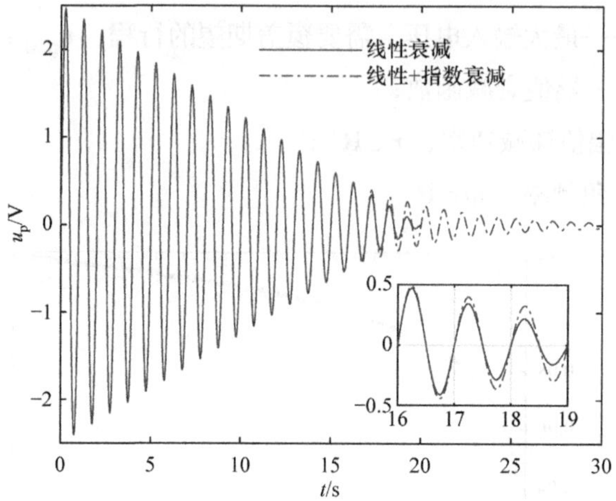

图 2.3　初始化输入信号

表 2.4　初始输入信号参数

参数	图 2.3 示例采用参数		实验采用参数
	线性衰减	线性+指数衰减	线性+指数衰减
$u_{p,M}$/V	2.5	2.5	2.5
r/(V/s)	0.125	0.125	0.01
ω/(rad/s)	2π	2π	20π
t_1/s	—	15	230
a_1/V	—	0.625	0.2
k/s^{-1}	—	0.2	0.05

为了使初始化过程更加连续和精细，幅值衰减函数式(2.7)改写为

$$a(t)=\begin{cases}u_{p,M}-rt, & 0\leqslant t\leqslant t_1\\ a_1\cdot e^{k(t_1-t)}, & t_1<t\leqslant t_f\end{cases} \tag{2.9}$$

满足约束：

$$a_1=u_{p,M}-rt_1 \tag{2.10}$$

$$r=ka_1 \tag{2.11}$$

式中，t_1——幅值衰减函数衰减规律切换时刻；

a_1——切换时刻的幅值；

k——指数衰减系数，$k \in \mathbf{R}^+$；

t_f——初始化输入信号的终止时刻。

式(2.10)和式(2.11)分别是幅值衰减函数的连续性约束和光滑性约束。上述函数采用表 2.4 给出的参数得到的初始化输入信号如图 2.3 所示，在结束段采用指数衰减规律替代了原来的线性衰减规律，提高了信号的精细程度。

在本书后续的数据采集、模型验证和控制器测试等实验中，都会采用类似上述信号对压电陶瓷作动器进行初始化。结合麦克斯韦模型，压电陶瓷作动器的初始化方式并不唯一，可以采用幅值足够大的正值信号将内部状态驱动到正饱和位置，或者采用幅值足够大的负值信号将内部状态驱动到负饱和位置。这里不再一一给出，将在后面需要的地方进行简单的介绍。

采用式(2.6)和式(2.9)的初始输入信号初始化后的压电陶瓷作动器的零输入响应如图 2.2 所示，其中初始输入信号参数如表 2.4 所示。可以看出，在未经过初始化时，输入电压保持为零，但压电陶瓷作动器的输出位移不为零，并存在明显的漂移，需要经过较长的一段时间才逐渐稳定在一个非零输出的位置。在经过初始化后，压电陶瓷作动器的输出位移稳定为零。

经过初始化的和未经过初始化的初始上升曲线和迟滞环如图 2.4 所示。可以看出，如果未经过初始化，在输入电压为零时，输出位移并不为零，

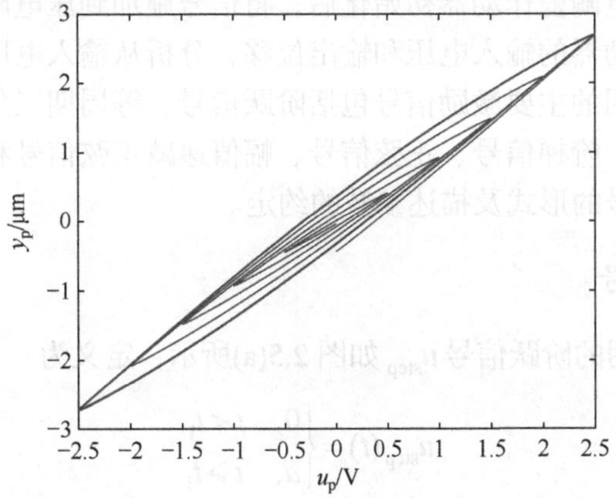

(a) 未经过初始化

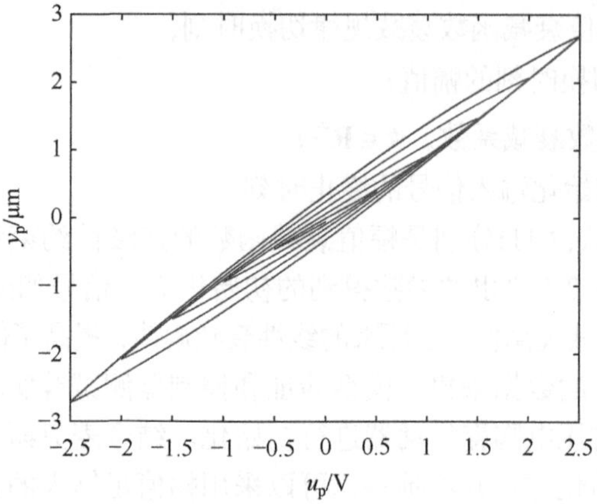

(b) 经过初始化

图 2.4　初始上升曲线和迟滞环

导致初始上升曲线并不从原点出发，见图 2.4(a)。经过初始化后，在输入电压为零时，输出位移为零，即初始上升曲线从原点开始运动，见图 2.4(b)。同时，也可以看到，无论是否经过初始化，在输入电压达到最大值时，两者的输入电压-输出位移曲线(主迟滞环)几乎完全重合，即压电陶瓷内部状态的不确定性不再存在。这实际上正是前面所说的另一种初始化方式——采用足够大的输入电压信号将内部状态驱动到饱和状态。

2.1.4　实验信号选择

在完成压电陶瓷作动器初始化后，将信号施加到压电陶瓷作动器，采集压电陶瓷作动器的输入电压和输出位移，分析从输入电压到输出位移的特性。本书采用的主要激励信号包括阶跃信号、等周期三角波信号、等速率三角波信号、阶梯信号、正弦信号、幅值递减正弦信号和随机信号。本小节给出各信号的形式及描述参数的约定。

1. 阶跃信号

本书所采用的阶跃信号 u_{step} 如图 2.5(a)所示，定义为

$$u_{\mathrm{step}}(t)=\begin{cases}0, & t<t_1\\ a, & t\geqslant t_1\end{cases} \tag{2.12}$$

式中，t_1——阶跃时刻；

a——阶跃幅值。

2. 等周期三角波信号

在本书中，等周期三角波信号 u_{tri1} 是指周期相同的幅值递减的三角波信号，如图 2.5(b)所示，定义为

$$u_{\text{tri1}}(t)=a_i u_{\text{tri}}(t+T-iT),\quad t\in[(i-1)T,iT),i\in\{1,2,\cdots,n\} \tag{2.13}$$

$$a_i=u_{\text{M}}-r_a(i-1)$$

$$u_{\text{tri}}(t)=\begin{cases}\dfrac{4t}{T}, & t\in\left[0,\dfrac{T}{4}\right)\\ 1-\dfrac{4}{T}\left(t-\dfrac{T}{4}\right), & t\in\left[\dfrac{T}{4},\dfrac{3T}{4}\right)\\ -1+\dfrac{4}{T}\left(t-\dfrac{3T}{4}\right), & t\in\left[\dfrac{3T}{4},T\right)\end{cases}$$

式中，T——三角波周期；

u_{M}——最大输入值；

a_i——第 i 个周期的三角波的幅值；

r_a——幅值衰减速率；

n——三角波的周期数，满足 $nr_a\leqslant u_{\text{M}}$。

3. 等速率三角波信号

在本书中，等速率三角波信号 u_{tri2} 是指斜率绝对值相同的幅值递减的三角波信号，如图 2.5(c)所示，定义为

$$u_{\text{tri2}}(t)=\begin{cases}rt, & t\in[0,t_1)\\ u_i+(-1)^i r(t-t_i), & t\in[t_i,t_{i+1}),i\in\{1,2,\cdots,n\}\end{cases} \tag{2.14}$$

$$\delta t_{i+1}=-(-1)^i\frac{2u_i}{r+r_a}$$

$$t_{i+1}=t_i+\delta t_{i+1}$$

$$u_{i+1}=u_i+(-1)^i r\delta t_{i+1}$$

$$t_1=\frac{u_{\text{M}}}{r}$$

$$u_1 = u_M$$

式中，t_i——第 i 个峰值的时刻；

u_i——第 i 个峰值的大小；

u_M——最大输入值；

r——三角波斜率；

r_a——幅值衰减速率；

n——三角波周期数。

4. 阶梯信号

本书中，阶梯信号 u_{stair} 是指一种整体幅值递减的周期性阶梯信号，如图 2.5(d)所示，采用等速率三角波信号构造，定义为

$$\begin{cases} u_{stair}(t) = u_{tri2}(t_j), & t \in [t_j, t_{j+1}) \\ t_j = j\Delta t, & j \in \{0,1,2,\cdots,m\} \end{cases} \tag{2.15}$$

式中，Δt——每个台阶持续时间；

t_j——第 j 个台阶的起始时刻，$t_0 = 0$。

可以得到，每个台阶的高度为 $\Delta u = r\Delta t$。

5. 正弦信号

本书中，正弦信号 u_{sin1} 指基本的正弦信号，即

$$u_{sin1}(t) = a\sin(2\pi ft) \tag{2.16}$$

式中，a——正弦信号的幅值；

f——正弦信号的频率。

6. 幅值递减正弦信号

本书中所采用的幅值递减正弦信号如图 2.5(e)所示，定义为

$$\begin{cases} u_{sin2}(t) = a(t)\sin(2\pi ft) \\ a(t) = u_M - r_a\left(t - \dfrac{1}{4f}\right) \end{cases} \tag{2.17}$$

式中，u_M——最大输入值；

r_a——幅值衰减速率；

f ——正弦信号频率。

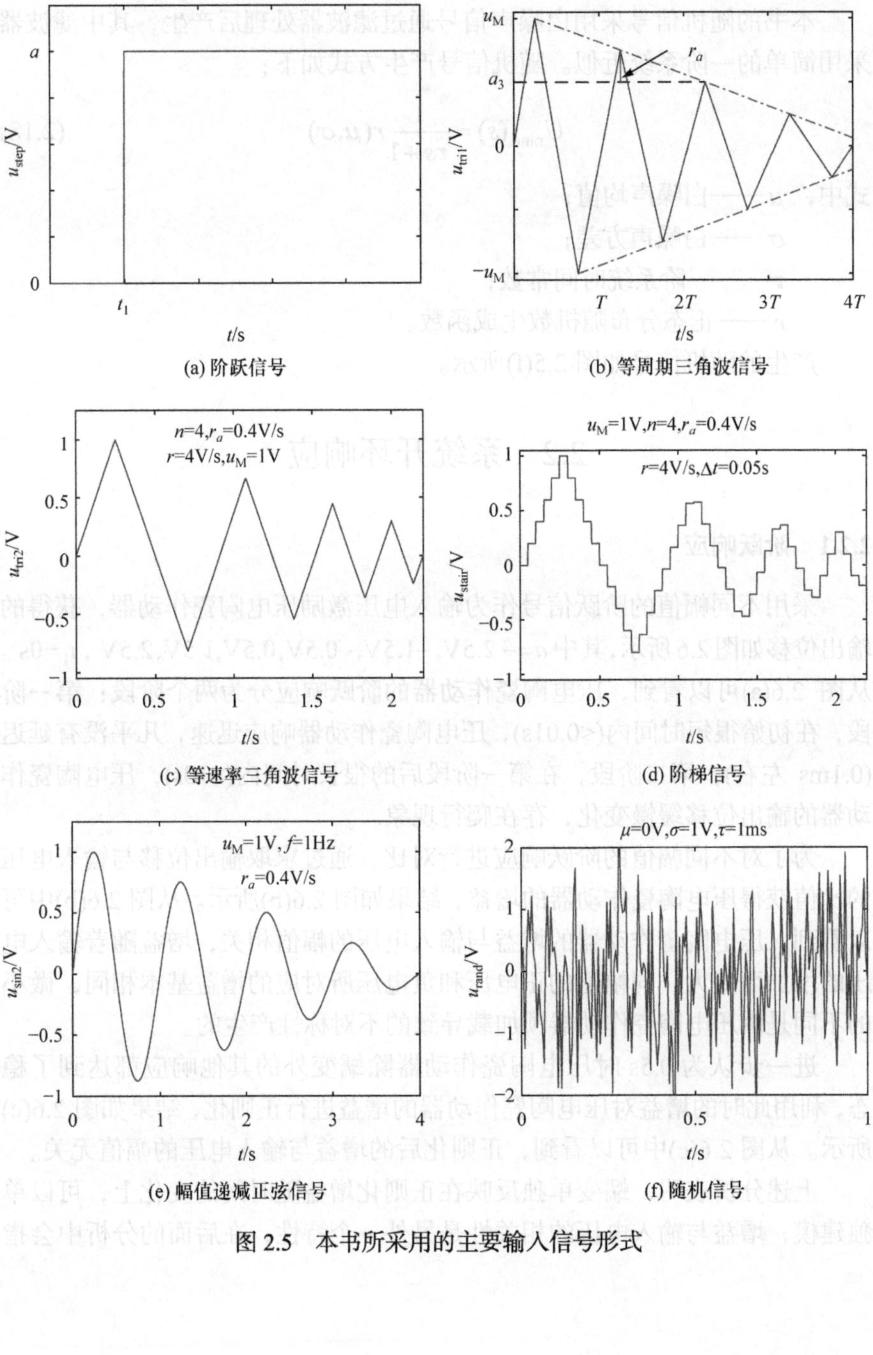

(a) 阶跃信号　(b) 等周期三角波信号

(c) 等速率三角波信号　(d) 阶梯信号

(e) 幅值递减正弦信号　(f) 随机信号

图 2.5　本书所采用的主要输入信号形式

7. 随机信号

本书的随机信号采用白噪声信号通过滤波器处理后产生，其中滤波器采用简单的一阶系统近似。随机信号产生方式如下：

$$U_{\text{rand}}(s) = \frac{1}{\tau s + 1} r(\mu, \sigma) \tag{2.18}$$

式中，μ——白噪声均值；

σ——白噪声方差；

τ——一阶系统时间常数；

r——正态分布随机数生成函数。

产生的随机信号如图 2.5(f)所示。

2.2 系统开环响应

2.2.1 阶跃响应

采用不同幅值的阶跃信号作为输入电压激励压电陶瓷作动器，获得的输出位移如图 2.6 所示，其中 a=− 2.5V, −1.5V, −0.5V, 0.5V, 1.5V, 2.5V，t_1=0s。从图 2.6(a)可以看到，压电陶瓷作动器的阶跃响应分为两个阶段：第一阶段，在初始很短时间内(<0.01s)，压电陶瓷作动器响应迅速，几乎没有延迟(0.1ms 左右)；第二阶段，在第一阶段后的很长时间内(>10s)，压电陶瓷作动器的输出位移缓慢变化，存在爬行现象。

为了对不同幅值的阶跃响应进行对比，通过求取输出位移与输入电压的比值获得压电陶瓷作动器的增益，结果如图 2.6(b)所示。从图 2.6(b)中可以看到，压电陶瓷作动器的增益与输入电压的幅值相关，增益随着输入电压的增加而变大，同幅值的正电压和负电压所对应的增益基本相同，微小的不同是由压电陶瓷作动器预加载导致的不对称性产生的。

进一步认为 0.5s 时压电陶瓷作动器除蠕变外的其他响应都达到了稳态，利用此时的增益对压电陶瓷作动器的增益进行正则化，结果如图 2.6(c)所示。从图 2.6(c)中可以看到，正则化后的增益与输入电压的幅值无关。

上述分析表明，蠕变单独反映在正则化增益随时间的变化上，可以单独建模；增益与输入电压的相关性是另外一个特性，在后面的分析中会指出，这一特性主要是由迟滞现象引起的，也可以独立建模；初始响应阶跃信号的延迟和上升过程是由压电陶瓷作动器中的机械部分、驱动控制器和电容传感器等的动态特性引起的，可以利用线性系统描述。

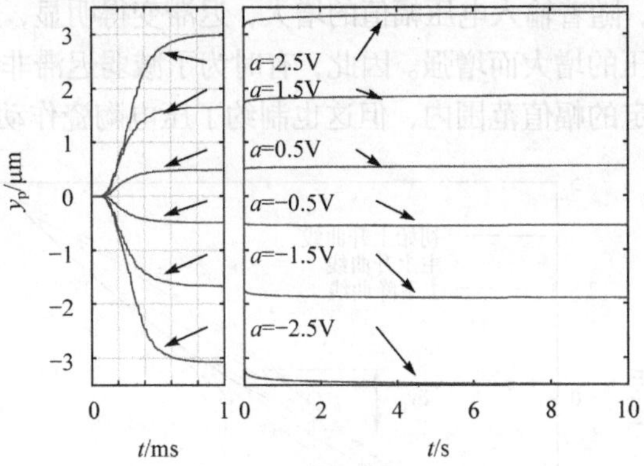

(a) 输出位移

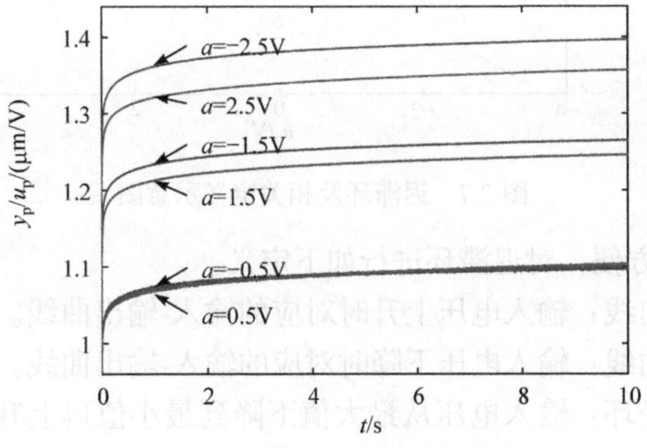

(b) 输出位移-输入电压增益

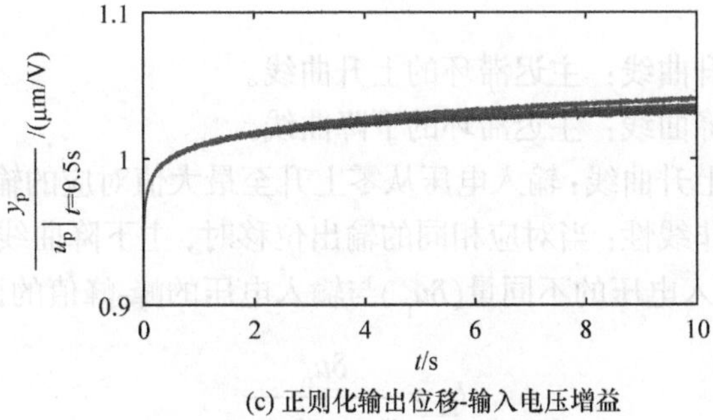

(c) 正则化输出位移-输入电压增益

图 2.6 不同幅值输入电压的阶跃响应

当采用 10Hz 等幅值递减正弦信号作为输入电压激励压电陶瓷作动器时，获得的输出位移响应如图 2.7 所示，可以看到，电压上升时的输入-输出曲线和电压下降时的输入-输出曲线不重合，形成明显的迟滞环。从图 2.7 中还可以看出，随着输入电压幅值的增大，迟滞变得明显，这表明迟滞非线性随着输入电压的增大而增强。因此，有时为了减弱迟滞非线性，会将输入电压限制在一定的幅值范围内，但这也制约了压电陶瓷作动器的有效行程。

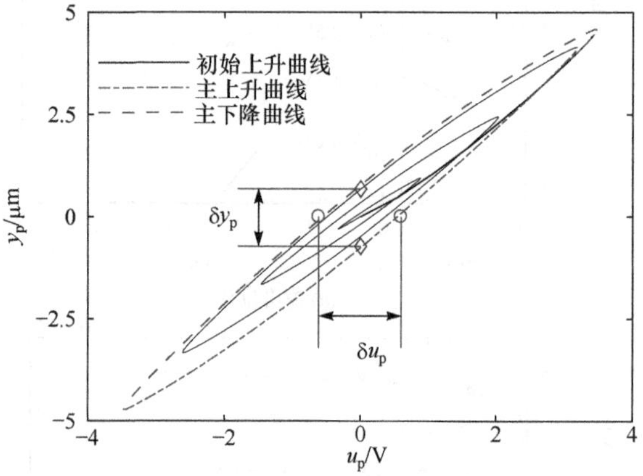

图 2.7　迟滞环及相关定义示意图

为了描述方便，对迟滞环进行如下定义。

(1) 上升曲线：输入电压上升时对应的输入-输出曲线。

(2) 下降曲线：输入电压下降时对应的输入-输出曲线。

(3) 主迟滞环：输入电压从最大值下降到最小值再上升至最大值，或者从最小值上升到最大值再下降到最小值，所对应的迟滞环，即最外侧的迟滞环。

(4) 主上升曲线：主迟滞环的上升曲线。

(5) 主下降曲线：主迟滞环的下降曲线。

(6) 初始上升曲线：输入电压从零上升至最大值对应的输入-输出曲线。

(7) 输入非线性：当对应相同的输出位移时，主下降曲线和主上升曲线对应的所需输入电压的不同量(δu_p)与输入电压的峰-峰值的比值

$$l_{in} = \frac{\delta u_p}{u_{p,M} - u_{p,m}} \tag{2.19}$$

图 2.7 中所示迟滞环的输入非线性为 15.88%。

(8) 输出非线性：当对应相同的输入电压时，主上升曲线和主下降曲线对应的输出位移的不同量(δy_p)与输出位移的峰-峰值的比值

$$l_{out} = \frac{\delta y_p}{y_{p,M} - y_{p,m}} \tag{2.20}$$

图 2.7 中所示迟滞环的输出非线性为 15.90%。

(9) 均方根非线性：实际压电陶瓷作动器的输出位移偏离标称输出位移的归一化均方根

$$l_{rms} = \frac{2}{y_{p,M} - y_{p,m}} \sqrt{\sum_{i=1}^{N} (y_p - \hat{y}_p)^2} \tag{2.21}$$

式中，标称输出位移为

$$\hat{y}_p = \frac{y_{p,M} - y_{p,m}}{u_{p,M} - u_{p,m}} u_p \tag{2.22}$$

图 2.7 中所示迟滞环的均方根非线性为 7.62%。

当不同频率的幅值递减正弦输入信号作为输入电压激励压电陶瓷作动器时，获得的输出位移响应如图 2.8 所示，可以看到，随着频率的增加，迟滞环变短变宽且整体顺时针转动。不同频率下，迟滞环的非线性如表 2.5 所

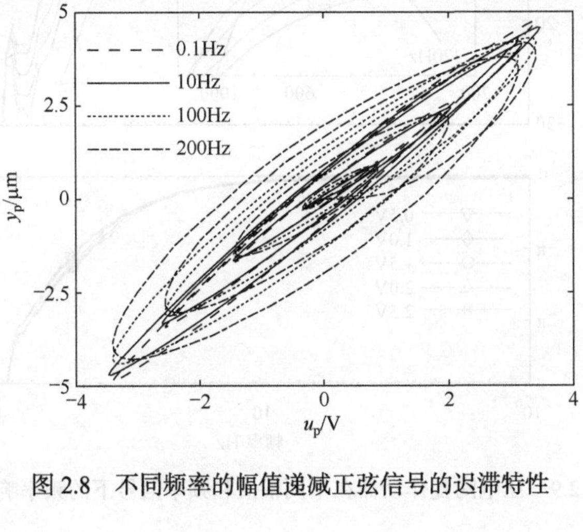

图 2.8　不同频率的幅值递减正弦信号的迟滞特性

示，可见，随着频率的增加，非线性呈现出明显的增加趋势。这主要是随着频率的升高，压电陶瓷作动器的机械部分、驱动控制器和位移传感器等动态效应的影响变得显著，导致增益的衰减和相频滞后。

表 2.5 不同频率的幅值递减正弦输入信号的迟滞环非线性

非线性类型	频率/Hz			
	0.1	10	100	200
输入非线性/%	14.32	15.88	30.51	45.70
输出非线性/%	14.88	15.90	31.12	45.65
均方根非线性/%	7.00	7.62	14.61	22.47

2.2.2 频谱特性

施加不同幅值和频率的信号到压电陶瓷作动器，得到的压电陶瓷作动器的频率响应如图 2.9 所示，其中，输入信号的幅值 $a \in \{0.5,1.0,1.5,2.0,2.5\}$ (单位为 V)，输入信号的频率 $f \in [1,10^4]$ (单位为 Hz)。

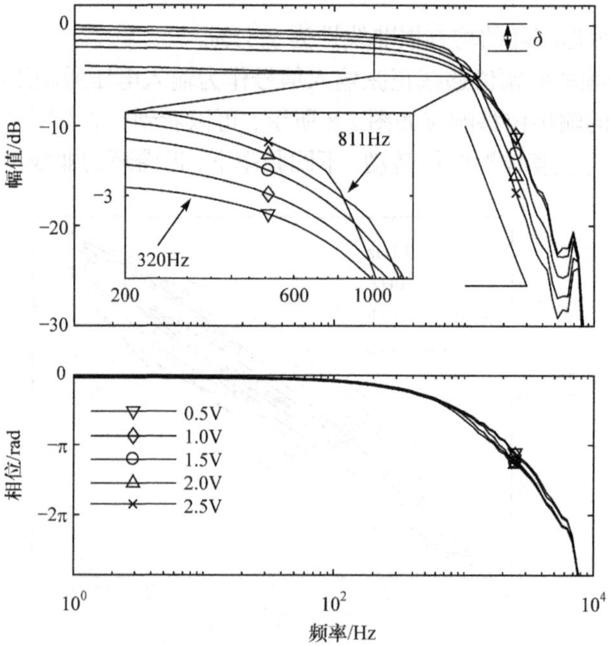

图 2.9 压电陶瓷作动器在不同幅值和频率信号下的频率响应

从图 2.9 中可以看到，压电陶瓷作动器的幅频响应存在三个特点：

(1) 低频段的增益随频率缓慢减小，斜率远小于 –20dB/dec；

(2) 高频段的增益随频率快速下降，斜率接近于 –40dB/dec；

(3) 增益随输入电压幅值的增加而增加。

这三个特点实际上反映了压电陶瓷作动器的迟滞、蠕变和动态效应之间的耦合。

低频段增益缓慢变化主要是由蠕变现象引起的。一阶系统的增益下降速率为 –20dB/dec，而压电陶瓷作动器低频段的增益幅值变化远小于 –20dB/dec。这表明，压电陶瓷作动器低频段的阶次要低于一阶，但同时又并非零阶。因此，压电陶瓷作动器在低频段的表现并非整数阶动力学行为，而是一个分数阶系统。

在高频段，压电陶瓷作动器的增益变化接近于 –40dB/dec，可以用二阶系统近似。这表明，压电陶瓷作动器高频段的动态特性主要由机械部分、位移传感器和驱动控制器等的动力学引起。

幅频响应随着激励电压幅值的不同而不同，这主要是由迟滞现象引起的。迟滞导致增益的非线性，压电陶瓷作动器的增益随着输入电压幅值的增加而增加。从幅频响应的曲线上还可以看到，不同幅值的输入电压的幅频响应的不同，导致了它们具有不同的 –3dB 穿越频率，在 320～811Hz。幅频特性，特别是增益和穿越频率的不同，造成闭环控制器设计上的困难，使得闭环控制器很难同时实现高精度和快速响应。

同时，从图 2.9 中可以看到，不同幅值的输入电压的相频响应没有明显的差别，低频段没有滞后，而高频段滞后显著，且随着频率增加而变得更为明显。这主要是由于分数阶蠕变阶次很低且在低频起作用，在相位造成的滞后十分微弱；而准静态的迟滞非线性不会引起相位的变化；高频段动态效应的影响，导致相位的明显滞后。

在 0.5V 幅值、不同偏置的正弦输入信号激励下，压电陶瓷作动器的频率响应如图 2.10 所示。从图 2.10 中可以看到，偏置电压对幅频响应和相频响应几乎没有影响，这表明，压电陶瓷作动器的迟滞特性是与幅值相关的，而与输入电压的绝对值没有必然关系。

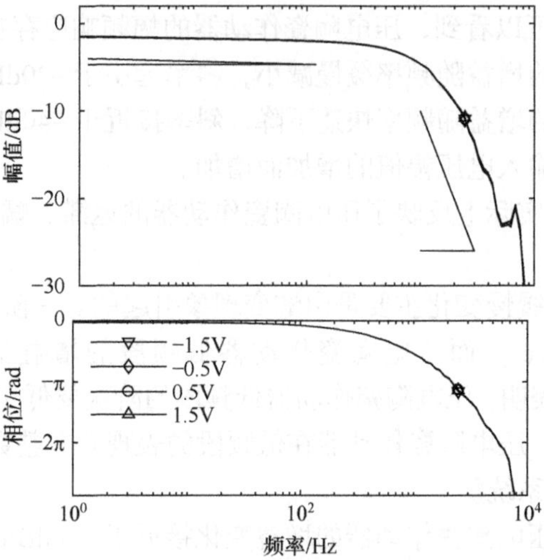

图 2.10　压电陶瓷作动器在不同偏置电压下的频率响应

2.3　压电陶瓷作动器的迟滞特性分析

为了进一步获得压电陶瓷作动器的迟滞特性，本节对迟滞环进行深入分析。

采用最大峰-峰值为 5V 的幅值周期递减三角波信号激励压电陶瓷作动器，其中，三角波斜率为 1V/s，幅值周期衰减率为 0.08V/r。对获得的输入电压和输出位移采用式(2.1)和式(2.2)进行平移处理，并采用式(2.5)进行正则化。处理完后的输入电压 u_p 和输出位移 y_p 如图 2.11 所示。从局部放大图可以清晰地看到，由于迟滞的影响，输出位移并不能很好地跟踪输入电压。

压电陶瓷作动器的输入电压-输出位移形成的迟滞环如图 2.12 所示。为了进一步分析压电陶瓷作动器迟滞现象的特点，除主迟滞环外，另外选择两个迟滞环，较小的一个称为小迟滞环，较大的一个称为中迟滞环。

将主迟滞环、中迟滞环和小迟滞环都分为两部分：上升曲线和下降曲线。将每条曲线拟合为 y_p 关于 u_p 的高阶多项式，并进行求导得到每部分的曲率曲线 $\dfrac{\partial y_p}{\partial u_p}$。同时，对初始上升曲线也做同样的处理。处理后的上升曲线、下降曲线及初始上升曲线的斜率如图 2.13 所示。

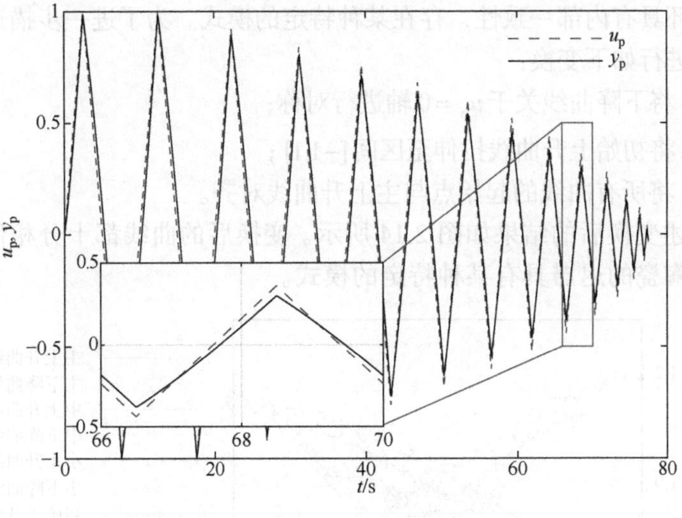

图 2.11　幅值递减的三角波信号响应

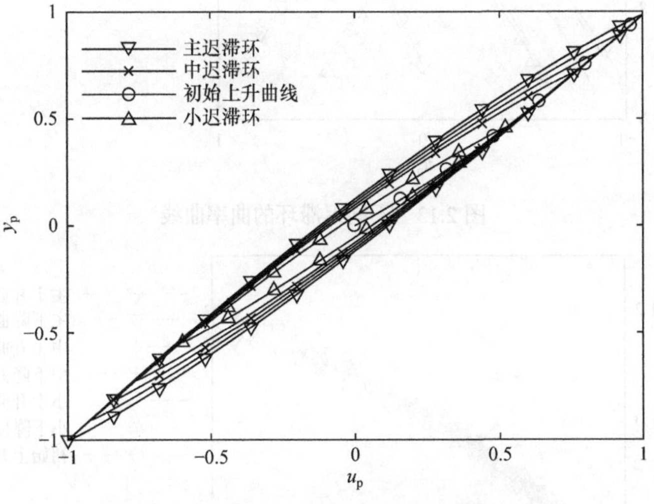

图 2.12　等斜率三角波信号获得的迟滞环

从图 2.13 中可以看到，上升曲线的曲率曲线与对应的下降曲线的曲率曲线关于轴 $u_p = 0$ 对称，且不同迟滞环的上升曲线和下降曲线具有相似的变化趋势。同时，可以看到，如果初始上升曲线将自变量 u_p 取值范围拉伸至区间 $[-1,1]$，它变得与主迟滞环的上升曲线极为相似。上述现象说明不同的迟滞环具有内部一致性，存在某种特定的模式。为了进一步描述这种相似性，进行如下变换：

(1) 将下降曲线关于 $u_p = 0$ 轴进行对称；

(2) 将初始上升曲线拉伸至区间 $[-1,1]$；

(3) 将所有曲线的起始点与主上升曲线对齐。

上述变换后的结果如图 2.14 所示。变换后的曲线都十分相似，这表明压电陶瓷的迟滞具有某种特定的模式。

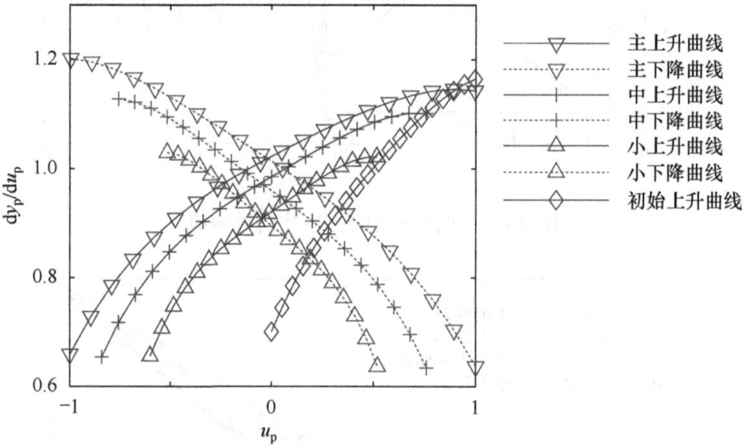

图 2.13　不同迟滞环的曲率曲线

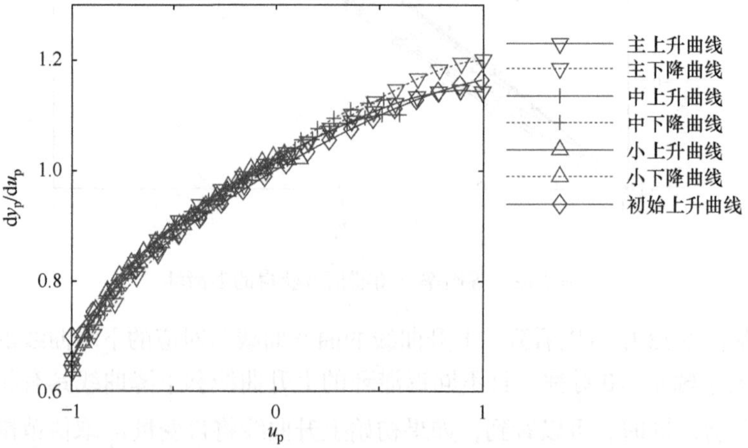

图 2.14　变换后的迟滞环斜率曲线

第 3 章　迟滞非线性建模及补偿

麦克斯韦模型又称为并联 Iwan 模型，广泛用于描述滑动前摩擦[31-34]，在力学上具有明确的物理意义和解释。麦克斯韦模型最早由数学家和物理学家 Maxwell 在 19 世纪中期提出[7]，并于 1997 年由 Goldarb 和 Celanovic 引进压电陶瓷作动器的电学部分，用于描述输入电压和输出电荷之间的迟滞现象[7, 35-38]。本章进一步给出电学原理的解释，并针对麦克斯韦模型不能描述非凸迟滞、逆时针迟滞、非对称迟滞和动态迟滞等局限进行了一般化和改进。麦克斯韦模型具有计算量小、评估方便、有可靠的参数辨识方法等优势[33, 36-38, 41]。同时，前向迟滞模型和逆模型采用同一组方程描述，意味着两者都可以直接建立起来。本章不仅对麦克斯韦模型及其改进模型进行系统化建模，而且给出了参数辨识方法、模型精度分析和基于逆模型的迟滞补偿方法。

3.1　麦克斯韦模型及其一般化

3.1.1　麦克斯韦模型及其特性分析

麦克斯韦模型最初用于描述滑动前摩擦力，如图 3.1 所示，由 n 个弹性-滑动单元并联组成，每个弹性-滑动单元由一个线性弹簧和一个无质量滑块组成。第 i 个弹性-滑动单元记为 S_i，S_i 的弹簧刚度系数为 k_i；滑块的摩擦力为库仑摩擦，最大静摩擦力又称为起步阻力(breakaway force)，S_i 的起步阻力记为 f_i。滑块的位置 p_i 作为 S_i 的内部状态。弹性-滑动单元的输出力为弹簧的弹性力，即 S_i 的输出力可以表示为

$$F_i = k_i(u - p_i) \tag{3.1}$$

如果弹性力小于起步阻力，即 $F_i < f_i$，S_i 的滑块静止不动。一旦弹性力达到或超过起步阻力，即 $F_i \geqslant f_i$，S_i 的滑块开始滑动。由于滑块为无质量滑块，其滑动速度与输入位移的变化率相同，即 $\dot{p}_i = \dot{u}$。当 S_i 的滑块开始滑

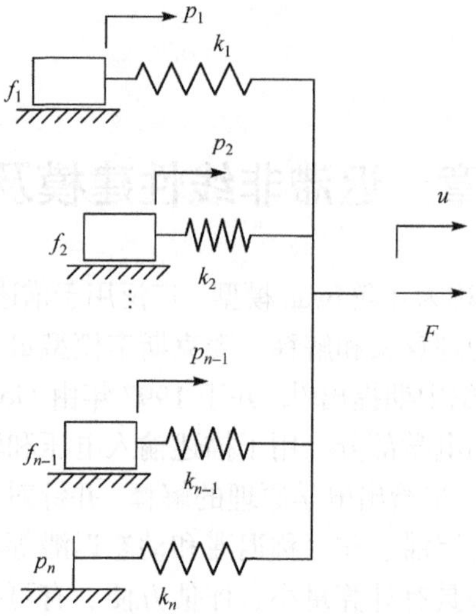

图 3.1　麦克斯韦模型力学原理示意图

动时，其弹簧的变形不再增加，达到饱和，饱和变形量为$S_i = f_i / k_i$，弹性力保持不变。麦克斯韦模型通过输入位移u激励，由于是并联连接，所有的弹性-滑动单元具有相同的输入位移；麦克斯韦模型的输出为所有弹性-滑动单元弹性力的合力F。根据上述分析，麦克斯韦模型的控制方程为

$$\dot{p}_i = \begin{cases} 0, & |u - p_i| \leqslant S_i \\ \dot{u}, & |u - p_i| > S_i \end{cases}, \quad i \in \{1,2,\cdots,n\} \tag{3.2}$$

$$F = \sum_{i=1}^{n} k_i (u - p_i) \tag{3.3}$$

式中，u——输入位移；

p_i——S_i的滑块位移；

S_i——S_i的饱和变形量；

k_i——S_i的弹簧刚度系数；

F——S_i的输出合力；

n——弹性-滑动单元的数量。

上述方程中，式(3.2)是状态方程，描述了输入位移u引起内部状态(滑块位移p_i)的变化规律；式(3.3)是输出方程，描述了麦克斯韦模型的输出合力F与滑块位移p_i和输入位移u的关系。

将内部状态、刚度和饱和变形用矢量形式表示为

$$\boldsymbol{p}=[p_1,p_2,\cdots,p_n]^{\mathrm{T}} \tag{3.4}$$

$$\boldsymbol{k}=[k_1,k_2,\cdots,k_n]^{\mathrm{T}} \tag{3.5}$$

$$\boldsymbol{S}=[S_1,S_2,\cdots,S_n]^{\mathrm{T}} \tag{3.6}$$

输出方程(3.2)可以进一步表示为矩阵的形式：

$$\boldsymbol{F}=\boldsymbol{\Phi k} \tag{3.7}$$

$$\boldsymbol{\Phi}=(\mathbf{1}\boldsymbol{u}-\boldsymbol{p})^{\mathrm{T}} \tag{3.8}$$

式中，**1**——元素为 1 的 n 维列向量。

为了便于在计算机上执行，集中参数麦克斯韦模型在时间维度上进行离散化，其离散形式为

$$p_{i,j}=\begin{cases}p_{i,j-1}, & |u_j-p_{i,j-1}|\leqslant S_i\\ u_{i,j}-S_i\mathrm{sgn}(u_j-u_{j-1}), & |u_j-p_{i,j-1}|>S_i\end{cases} \tag{3.9}$$

$$\boldsymbol{F}_j=\boldsymbol{\Phi}_j\boldsymbol{k} \tag{3.10}$$

式中，j——采样序号。

如果所有的弹性-滑动单元饱和，滑块的位移与输入位移同步变化，集中参数麦克斯韦模型输出合力保持不变，等效刚度为零。此时，在逆模型计算时会发生奇异，即输入力不变，输出位移趋于无穷。为避免计算奇异的发生，将第 n 个弹性-滑动单元的起步阻力设置得足够大，以至于它不会滑动，可以用固定弹簧替代。值得注意的是，在麦克斯韦模型中，通常默认 $k_i,f_i\in\mathbf{R}^+$。

麦克斯韦模型的核心在于通过分段线性函数拟合上升曲线或者下降曲线。定义麦克斯韦模型的外观刚度为输出合力对输入位移的偏导数：

$$K=\frac{\partial F}{\partial u} \tag{3.11}$$

接下来，对所有弹性-滑动单元的初始变形都为零的情况进行分析。所有弹性-滑动单元都最大压缩或者最大伸长的情况与之类似。

不失一般性，假设所有弹性-滑动单元按照以下顺序排列：

$$\frac{f_1}{k_1}<\frac{f_2}{k_2}<\cdots<\frac{f_{n-1}}{k_{n-1}}<\frac{f_n}{k_n}=\infty \tag{3.12}$$

如图 3.2 所示，初始上升曲线的斜率曲线划分为 n 段，每一段采用线段近似。当所有弹性-滑动单元都未滑动时，初始外观刚度近似为

$$K_1 = \sum_{j=1}^{n} k_j \tag{3.13}$$

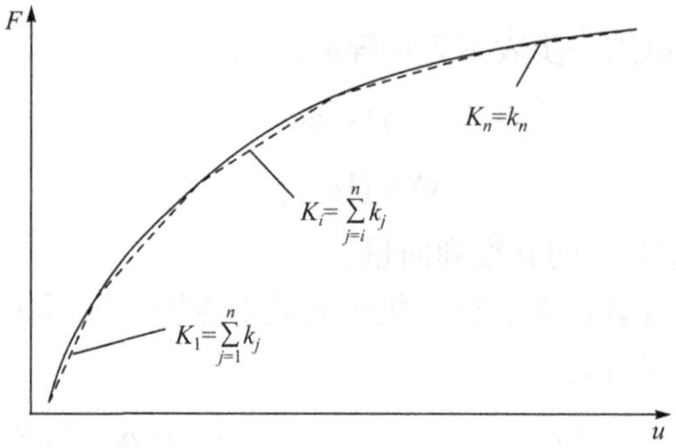

图 3.2　上升曲线等效于外观刚度定义

输入位移 u 从零开始增加，随着输入位移的增大，这些单元将会按照序号递增的顺序依次开始滑动，即 S_{i-1} 先于 S_i 开始滑动[38]。在 S_{i-1} 开始滑动而 S_i 未滑动时，外观刚度记作 K_i，可以表示为

$$K_i = \sum_{j=i}^{n} k_j \tag{3.14}$$

由于 $k_i > 0$，根据所有弹性-滑动单元的并联关系，可以得到

$$K_{i+1} - K_i = -k_i < 0 \tag{3.15}$$

因此，一个弹性-滑动单元的饱和导致外观刚度的减小，即 u - F 曲线为凸曲线。

也就是说，麦克斯韦模型只能描述顺时针的凸迟滞环。然而，由图 2.12 可以看到，压电陶瓷作动器实验系统得到的迟滞环是逆时针迟滞环，而图 2.13 表明，上升曲线的斜率随着输入电压的增加是增加的。这些表明麦克斯韦模型只能描述该实验系统的逆迟滞环，即从输出位移到输入电压的迟滞环。在一些压电陶瓷中，正迟滞环和逆迟滞环都呈现出明显的非凸特性[75]，此时，麦克斯韦模型就受到了极大的限制。

上述内容中以输入位移 u 增加为例分析了麦克斯韦模型获得的迟滞环的性质。输入位移 u 的增加引起 S_i 滑动，造成外观刚度减小。而输入位移

u 的减小引起 S_i 滑动后，也会造成外观刚度减小，而且两种情况下外观刚度的减少量相同。换句话说，正刚度的集中参数麦克斯韦模型得到的迟滞环是反对称的。

为了更加清晰地说明上述问题，假设输入位移为

$$u(t) = a\sin(\omega t) + b \tag{3.16}$$

从零内部状态出发，在时间 $t \geqslant \dfrac{3\pi}{2\omega}$ 时迟滞环如图 3.3 所示。如果 t 从 $\dfrac{3\pi}{2\omega}$ 持续到 $\dfrac{5\pi}{2\omega}$，这些单元依次从静止开始滑动。记点 P_i 为 S_i 开始滑动所对应的位置。利用式(3.2)和式(3.3)得到输出力的变化为

$$\Delta F_i = \sum_{j=1}^{i} k_j \varDelta_j + \sum_{j=i+1}^{n} k_j \varDelta_i \tag{3.17}$$

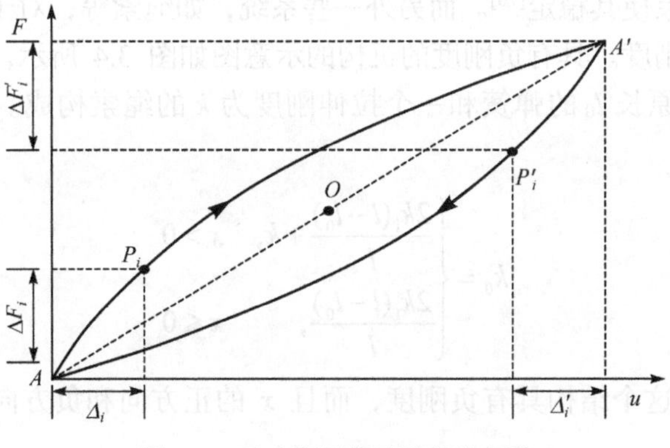

图 3.3　反对称迟滞环原理示意图

当 t 从 $\dfrac{5\pi}{2\omega}$ 增加到 $\dfrac{7\pi}{2\omega}$ 时，可以得到 S_i 在点 P_i' 开始滑动，其中 $\varDelta_i' = \varDelta_i$、$\Delta F_i' = \Delta F_i$，即 P_i 和 P_i' 关于 AA' 的中点 O 对称。那么，在迟滞环上半部分每个单元开始滑动的切换点 P_i，都在迟滞环下半部分有对应的切换点 P_i'，P_i' 和 P_i 关于 O 点对称。因此，迟滞环是反对称的。在每个切换点 P_i 和 P_i'，S_i 开始滑动，根据 $k_i > 0$，得到曲线的斜率减小，即迟滞环是凸的。

实际实验得到的迟滞环是逆时针的，且并非完全凸的，同时不完全反对称。由此可见，正刚度的集中参数麦克斯韦模型在描述压电陶瓷作动器中的迟滞非线性时存在局限性。

3.1.2 麦克斯韦模型一般化

虽然麦克斯韦模型没有明确对刚度的正负进行限制，但一般默认刚度为正刚度[7, 32-38]。为了克服正刚度的麦克斯韦模型不能描述非凸和非对称迟滞的局限性，文献[38]引进非线性弹簧 $g(x)$ 到麦克斯韦模型：

$$F=\sum_{i=1}^{n}k_i(u-p_i)+g(x) \tag{3.18}$$

使得主迟滞环很好地拟合了实验结果。但是，$g(x)$ 仅依赖输入，而没有改变每个弹性-滑动单元的反对称特性。因此，这样的改进难以描述不同幅值的激励以获得迟滞环的反对称特性，也就难以适应不同的迟滞环。这导致小迟滞环和中迟滞环存在明显的误差。

实际上，负刚度在预加载的机械系统中是存在的，例如，带扣塑料尺，可以通过约束使其稳定[76]。而另外一些系统，如绳索等，对于拉伸和压缩具有不同的刚度。具有负刚度的机构的示意图如图 3.4 所示。该机构由两个刚度 k_1、原长 l_0 的弹簧和一个拉伸刚度为 k 的绳索构成。它的刚度近似为[77]

$$k_0=\begin{cases}\dfrac{2k_1(l-l_0)}{l}+k, & x>0\\ \dfrac{2k_1(l-l_0)}{l}, & x\leqslant 0\end{cases} \tag{3.19}$$

如果 $x<0$，这个结构具有负刚度，而且 x 的正方向和负方向具有不同的刚度。

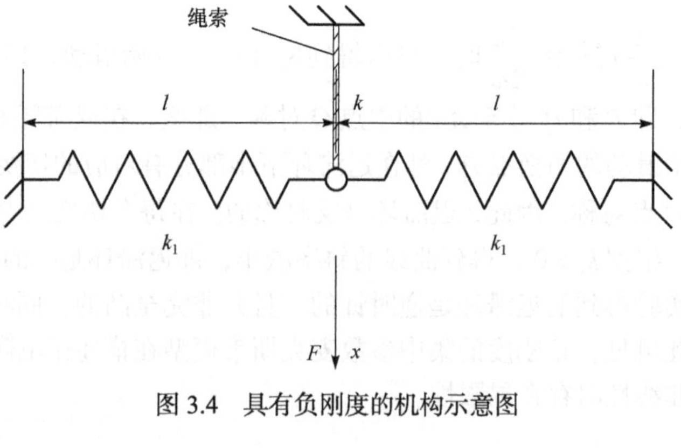

图 3.4 具有负刚度的机构示意图

负刚度结构除了具有实际的物理结构外，也可以通过串联弹性-滑动单元的并联等效给出。如图 3.5(a)所示，两个弹性-滑动单元串联。初始时，外观刚度为

$$K_1 = k_1 \tag{3.20}$$

在 S_1 的弹性力达到起步阻力时，S_1 的滑块开始滑动，系统的外观刚度切换为

$$K_2 = k_2 \tag{3.21}$$

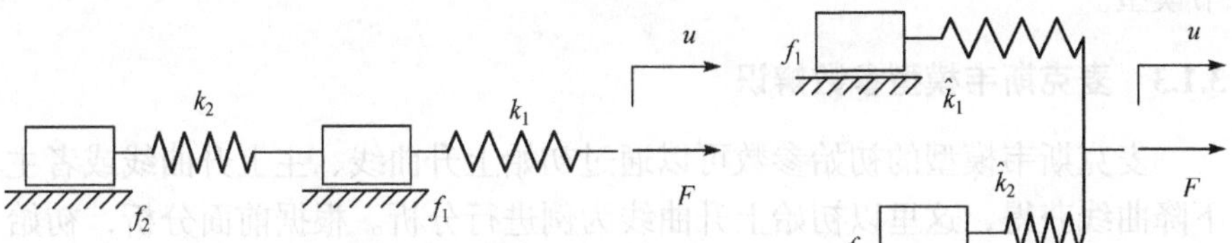

图 3.5　等效负刚度原理图

如图 3.5(b)所示，将上述系统等效为两个弹性-滑动单元并联的系统。初始的外观刚度为

$$K_1 = \hat{k}_1 + \hat{k}_2 \tag{3.22}$$

不失一般性，假设 S_1 的滑块先开始滑动。一旦它开始滑动，外观刚度切换为

$$K_2 = \hat{k}_2 \tag{3.23}$$

让两个系统等效，可以得到

$$\hat{k}_2 = k_2 \tag{3.24}$$

$$\hat{k}_1 = k_1 - k_2 \tag{3.25}$$

如果 $k_1 < k_2$，则 $\hat{k}_1 < 0$，也就是说等效的并联系统中 S_1 具有负刚度。同时，根据假设(S_1 首先滑动)，可以得到

$$0 < \frac{\hat{f}_1}{\hat{k}_1} < \frac{f_2}{k_2} \tag{3.26}$$

因此，$\hat{f}_1 < 0$。

上述等效表明，可以在麦克斯韦模型中引入弹性-滑动单元串联网络来表征一个单元饱和后外观刚度增大的凹迟滞环特性，且串联网络进一步等效为具有负刚度弹性-滑动单元的并联网络。此时，扩展后的麦克斯韦模型与原来的麦克斯韦模型采用相同的示意方式和控制方程，不同之处在于：原弹性-滑动单元的刚度和起步阻力的取值域为正实数域，即 $k_i, f_i \in \mathbf{R}^+$；扩展后模型的弹性-滑动单元的刚度和起步阻力的取值域为整个实数域，即 $k_i, f_i \in \mathbf{R}$。采用正负刚度和正负起步阻力的麦克斯韦模型称为一般麦克斯韦模型。

3.1.3 麦克斯韦模型参数辨识

麦克斯韦模型的初始参数可以通过初始上升曲线、主上升曲线或者主下降曲线获得，这里以初始上升曲线为例进行分析。根据前面分析，初始上升曲线的斜率为未滑动的弹性-滑动单元的弹簧刚度的叠加。将初始上升曲线 $[0, u_{\mathrm{p,M}}]$ 划分为 n 段，端点到第 i 个起始点的长度为 S_i。通常采用均匀分段的方法，此时

$$S_i = \frac{i}{n} u_{\mathrm{p,M}} \tag{3.27}$$

用线段近似每个弧段[7, 35, 37]，然后计算每段的斜率，即

$$K_i = \frac{y_{\mathrm{p},i} - y_{\mathrm{p},i-1}}{u_{\mathrm{p},i} - u_{\mathrm{p},i-1}} \tag{3.28}$$

式中，$y_{\mathrm{p},i}$——第 i 条线段的终点对应的输出位移；

$y_{\mathrm{p},i-1}$——第 i 条线段的起始点对应的输出位移；

$u_{\mathrm{p},i}$——第 i 条线段的终点对应的输入电压；

$u_{\mathrm{p},i-1}$——第 i 条线段的起始点对应的输入电压。

根据式(3.14)可以得到

$$\boldsymbol{K} = \boldsymbol{A}\boldsymbol{k} \tag{3.29}$$

式中，

$$\boldsymbol{A} = \begin{bmatrix} 1 & 1 & \cdots & 1 \\ 0 & 1 & \cdots & 1 \\ \vdots & \vdots & & \vdots \\ 0 & 0 & \cdots & 1 \end{bmatrix} \tag{3.30}$$

因此，可以得到

$$\boldsymbol{k} = \boldsymbol{A}^{-1}\boldsymbol{K} \tag{3.31}$$

除了上述采用线段逼近后求线段斜率外，每段斜率的计算也可以通过拟合多项式进行求解，即首先将初始上升曲线拟合为高阶多项式 $y_{\mathrm{p}} = p(u_{\mathrm{p}})$，然后求解每段中点的斜率。以均匀分段为例，每段的长度为 $\Delta u = \dfrac{u_{\mathrm{p,m}}}{n}$，可以得到

$$K_i \approx \frac{\mathrm{d}p}{\mathrm{d}u}\left[\left(i-\frac{1}{2}\right)\Delta u\right],\quad i=1,2,\cdots,n \tag{3.32}$$

在采用式(3.27)和式(3.31)获得初始参数后，可以进一步通过求解下面最小化问题进行优化：

$$\min_{\boldsymbol{k},\boldsymbol{S}} \sqrt{\frac{1}{N}\sum_{i=1}^{N}[F_i - \mathrm{MS}[u](t_i)]^2} \tag{3.33}$$

式中，N——样点数量；

MS——麦克斯韦模型算子。

求解上述优化问题的算法很多，可以采用 Simulink 搭建麦克斯韦模型的仿真模型，并采用 MATLAB 的 fmincon 函数寻找最优参数。

上述参数辨识中，以辨识迟滞前向模型为例进行了说明，其中，压电陶瓷作动器的输入电压 u_{p} 作为麦克斯韦模型的输入位移 u，而压电陶瓷作动器的输出位移 y_{p} 对应麦克斯韦模型的输出合力 F。如果要辨识逆模型的参数，只需要将压电陶瓷作动器的输出位移 y_{p} 作为麦克斯韦模型的输入位移 u，将压电陶瓷作动器的输入电压 u_{p} 作为麦克斯韦模型的输出合力 F。

3.1.4　麦克斯韦模型分析

本小节首先给出采用 5 个单元的一般麦克斯韦模型前向模型描述正向迟滞的实现过程，然后对麦克斯韦模型和一般麦克斯韦模型进行比较分析。

参数辨识采用的数据如图 2.11 和图 2.12 所示。对应的上升曲线和主迟滞环如图 3.6 所示，图中，标记○的曲线为初始上升曲线。首先利用初始上升曲线获得初始参数；然后利用主迟滞环优化参数；最后利用整个数据对模型的精度进行验证。

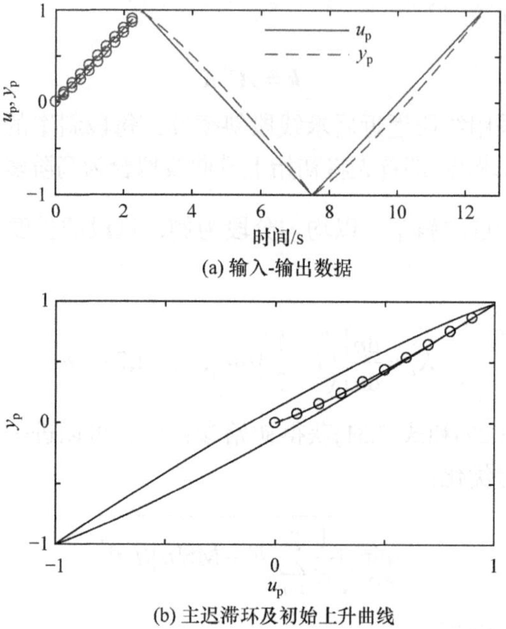

图 3.6　参数辨识及优化所采用的数据

将初始上升曲线拟合为 4 阶多项式，结果为

$$y_{\mathrm{p}} = p(u_{\mathrm{p}}) = 3.89\times10^{-2}u_{\mathrm{p}}^4 - 0.166u_{\mathrm{p}}^3 + 0.409u_{\mathrm{p}}^2 + 0.0718u_{\mathrm{p}} - 1.74\times10^{-5} \quad (3.34)$$

对上述多项式求导，并利用式(3.32)得到模型的初始参数，如表 3.1 所示。进一步利用主迟滞环的数据，对模型参数进行寻优。优化结果也在表 3.1 中给出。从表 3.1 中可以看出，由于正向迟滞为逆时针迟滞，一般麦克斯韦模型前向模型在描述正向迟滞时，模型中出现了负刚度。

表 3.1　模型参数辨识结果

i	S_i	初始 k_i	优化 k_i
1	0.2	−0.1280	−0.1953
2	0.4	−0.0994	−0.1120
3	0.6	−0.0783	−0.0840
4	0.8	−0.0646	−0.0690
5	1.0	1.1653	1.1528

采用整个数据对模型的精度进行验证，评价指标采用式(2.3)定义的均方根误差和式(2.4)定义的最大误差。采用 5 个单元的一般麦克斯韦模型描

述正向迟滞的误差如图 3.7 所示，从图中可以看到，模型输出与实验结果吻合很好，最大误差是 1.61%，同时，计算得到均方根误差为 0.50%。

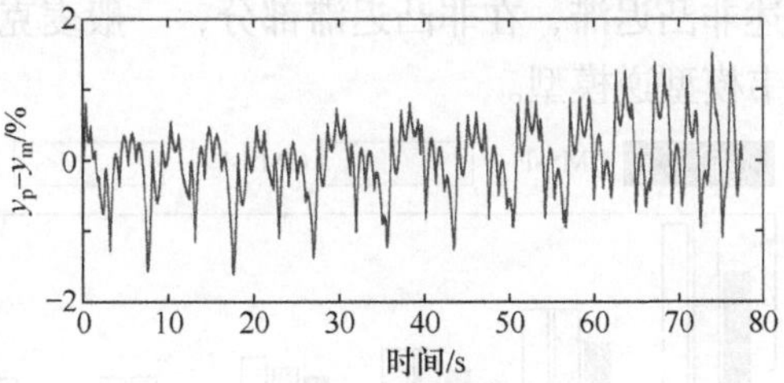

(a) 误差曲线

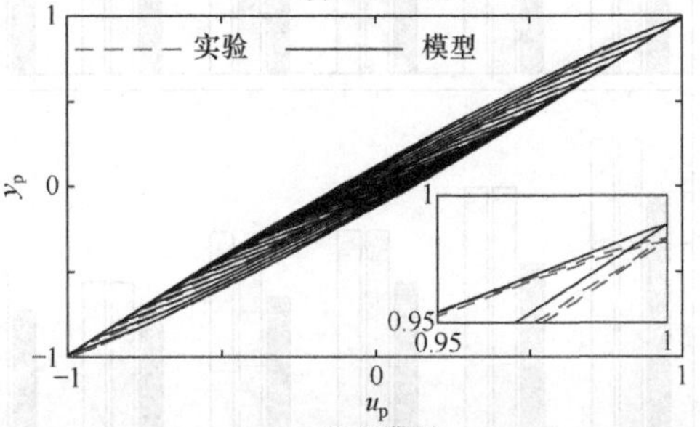

(b) 迟滞环

图 3.7　5 个单元的一般麦克斯韦模型辨识结果

采用不同的单元数量对模型进行辨识，辨识的结果如图 3.8 和表 3.2 所示。图 3.8 中 GMS-F 表示一般麦克斯韦模型正模型，GMS-I 表示一般麦克斯韦模型逆模型，MS-I 表示麦克斯韦模型逆模型。从图 3.8 中可以看出，无论采用什么模型，最大误差和均方根误差大致随单元数量的增加呈现出减小的趋势。在单元数量较小时，减小的幅度比较明显，随着单元数量的增加，减小的幅度变得不再显著。同时，也可以看到，当采用一般麦克斯韦模型正模型时，误差相对较小。而一般麦克斯韦模型逆模型和麦克斯韦模型逆模型之间没有显著的差别，其原因在于实验系统所采用的压电陶瓷的迟滞环基本是凸迟滞环。

为了验证一般麦克斯韦模型描述非凸迟滞的能力，这里采用文献[75]中的数据。采用 15 个单元的一般麦克斯韦模型正模型、一般麦克斯韦模型逆模型和麦克斯韦模型逆模型的结果如图 3.9 所示。一般麦克斯韦模型正模型和一般麦克斯韦模型逆模型都很好地捕获实验迟滞曲线的非凸特性，均方根误差分别为 1.59%和 4.60%。然而，一般麦克斯韦模型的限制刚度只能为正值，这导致其无法描述非凸迟滞，带来了较大的误差，均方根误差为 11.87%。从误差曲线上可以明显看到，对于凸迟滞部分，一般麦克斯韦模型逆模型和麦克斯韦模型逆模型具有相似的误差。但是，由于一般麦克斯韦模型可以描述非凸迟滞，在非凸迟滞部分，一般麦克斯韦模型逆模型明显优于麦克斯韦模型逆模型。

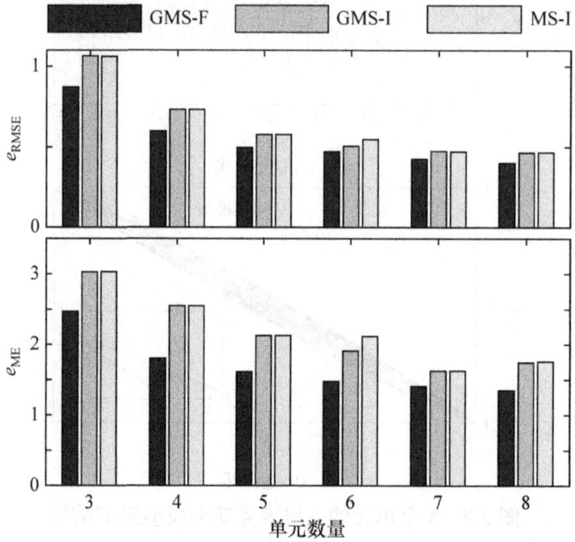

图 3.8　不同单元数量的一般麦克斯韦模型和麦克斯韦模型的精度

表 3.2　不同单元数量下的一般麦克斯韦模型精度

参数	$n=3$	$n=4$	$n=5$	$n=6$	$n=7$	$n=8$
e_{RMSE}/%	0.87	0.60	0.50	0.47	0.43	0.40
e_{ME}/%	2.47	1.80	1.61	1.48	1.41	1.35

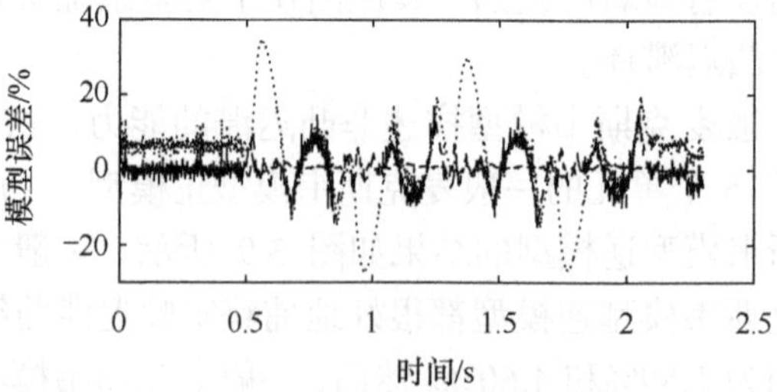

(a) 误差曲线

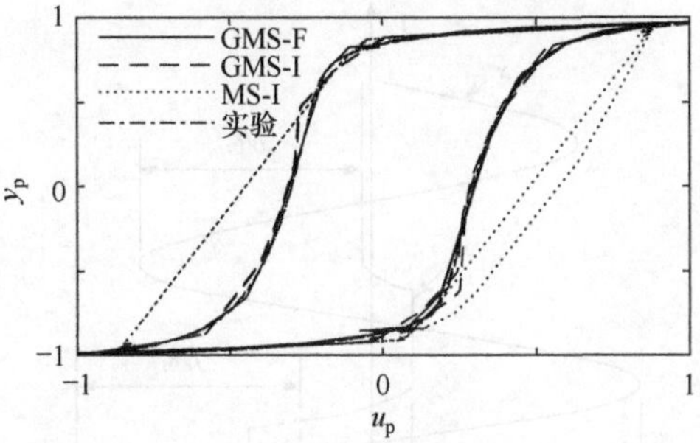

(b) 迟滞环

图 3.9　一般麦克斯韦模型和麦克斯韦模型对非凸迟滞的建模结果

不同单元数量下的模型建模结果如表 3.3 所示，随着单元数量的增加，模型误差整体呈现减小的趋势；一般麦克斯韦模型正模型的误差小于一般麦克斯韦模型逆模型的误差，而麦克斯韦模型逆模型的误差比较大。

表 3.3　不同单元数量下的模型建模结果

模型	参数	单元数量			
		15	20	25	30
GMS-F	e_{ME}/%	10.61	10.67	9.04	7.55
	e_{RMSE}/%	1.59	1.83	1.02	1.27
GMS-I	e_{ME}/%	16.84	16.61	13.18	12.88
	e_{RMSE}/%	4.60	4.08	3.78	3.81
MS-I	e_{ME}/%	34.33	25.96	25.43	26.88
	e_{RMSE}/%	11.87	8.76	9.78	9.27

3.1.5　基于麦克斯韦模型的压电陶瓷初始化原理

前面直接给出了初始化流程，本小节结合麦克斯韦模型对初始化的原理进行解释。

在式(2.6)给出的初始化信号的作用下，麦克斯韦模型的响应如图 3.10 所示。输入的幅值满足

$$a\left(\frac{3\pi}{2\omega}\right) > S_i \tag{3.35}$$

如果初始内部状态在区域 A，弹性-滑动单元的滑块会沿着类似于 i 的

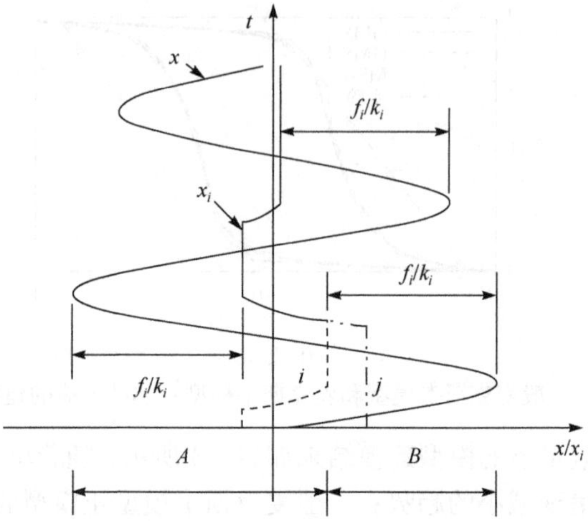

图 3.10 麦克斯韦模型响应图

路径运动。否则，如果初始内部状态在区域 B，弹性-滑动单元滑块的运动路径类似于 j。在时刻 $t=\dfrac{3\pi}{2\omega}$，幅值 $a(t)>S_i$。因此，无论初始内部状态如何，弹性-滑动单元的滑块从时刻 $t=\dfrac{3\pi}{2\omega}$ 开始都会沿着相同的轨迹运动。如果当前位置为 $u_{\mathrm{p},i}(t)$，输入的下一个峰值为

$$a_k = a\left[\frac{(2k+1)\pi}{2\omega}\right] \tag{3.36}$$

$$k = \frac{\omega t}{\pi - 1/2} \tag{3.37}$$

它们满足

$$a_k > \frac{f_k}{u_{\mathrm{p},k}} - |u_{\mathrm{p}}(t)| \tag{3.38}$$

那么，弹性-滑动单元的滑块在接下来的 1/4 周期滑动。如果满足

$$a_{k+1} \leqslant \frac{f_k}{u_{\mathrm{p},k}} - |u_{\mathrm{p}}(t)| \tag{3.39}$$

弹性-滑动单元的滑块将会在

$$p_s = \left[\frac{f_k}{u_p(t)} - a_k\right]\mathrm{sgn}(u_p(t)) \tag{3.40}$$

处停止运动。如果选择的 r 足够小，那么 $a_k \to S_i$，而且，$p_s \to 0$。这意味着，S_i停止在内部状态趋近于零的位置。因此，采用式(2.6)给出的初始化程序，最终将麦克斯韦模型的所有弹性-滑动单元驱动到一个近零内部状态的位置，近似为松弛状态。从式(3.40)可以看出，激励信号幅值的细分越细，弹性-滑动单元停止的位置越接近零内部状态位置，因此，将每周期幅值的衰减量称为幅值分辨率。为了使初始化过程更加连续和精细，式(2.7)改写为式(2.9)的形式。

根据前面对迟滞环的反对称特性的分析，由于将弹性-滑动单元的刚度和起步阻力改为可以取值为实数域并没有改变单元的反对称特性，因此得到的迟滞环依旧不能描述非对称迟滞环。为了克服这一问题，需要进一步对麦克斯韦模型进行改进。

3.2　麦克斯韦模型改进与分析

受负刚度结构和等效负刚度的启发，本节通过引进非对称全实域刚度对弹性-滑动单元进行一般化处理，并将其称为弹性-滑动算子，在此基础上，利用麦克斯韦模型的结构，改进麦克斯韦模型。

3.2.1　弹性-滑动算子及其特性

如图 3.11 所示，弹性-滑动算子是一个变形量受限的具有非对称全实域刚度的弹簧-滑块系统。其中，弹性-滑动算子中弹簧的拉伸刚度为 k_E，压缩刚度为 k_C，$k_E,k_C \in \mathbf{R}$；最大拉伸量和最大压缩量分别为 δ_E 和 δ_C，$\delta_E,\delta_C \in \mathbf{R}^+$，分别称为饱和伸长量和饱和压缩量。因此，弹性-滑动算子的弹簧变形量为

$$\delta(t) = x(t) - x_B(t) \tag{3.41}$$

式中，$x_B(t)$——弹性-滑动算子的状态位置，向右为正方向；

$x(t)$——弹性-滑动算子的激励位移，向右为正方向。

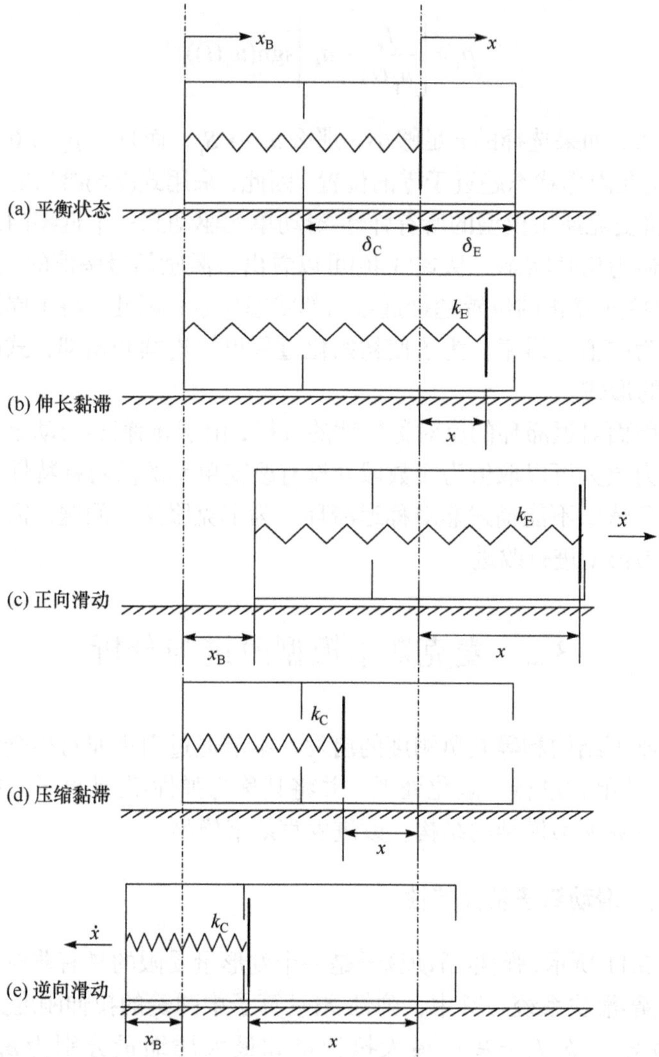

图 3.11 弹性-滑动算子

显然，弹性-滑动算子的弹簧在拉伸状态时，$\delta>0$；在压缩状态时，$\delta<0$；弹性-滑动算子的弹簧变形量满足 $-\delta_C \leqslant \delta \leqslant \delta_E$。如果 $\delta=0$，弹性-滑动算子处于松弛状态。如果 $\delta=-\delta_C$，弹性-滑动算子的弹簧压缩饱和；如果 $\delta=\delta_E$，弹性-滑动算子的弹簧伸长饱和。如果弹性-滑动算子的弹簧不饱和，

弹性-滑动算子静止不动，称弹性-滑动算子黏滞(sticks)；如果弹性-滑动算子的弹簧饱和，称弹性-滑动算子滑动(slides)。基于上述分析，弹性-滑动算子具有四种工作域，分别为：

(1) 伸长黏滞，弹簧伸长，但未达到饱和伸长量，即 $0<\delta(t)<\delta_{\mathrm{E}}$，如图 3.11(b)所示。

(2) 正向滑动，如图 3.11(c)所示，弹簧的变形 δ_{E} 达到伸长饱和，且激励位移的变化率为正，即 $\delta(t)=\delta_{\mathrm{E}}$， $\dot{x}(t)>0$ 。

(3) 压缩黏滞，弹簧压缩，但未达到饱和压缩量，即 $-\delta_{\mathrm{C}}<\delta(t)<0$，如图 3.11(d)所示。

(4) 逆向滑动，如图 3.11(e)所示，弹簧的变形 $-\delta_{\mathrm{C}}$ 达到压缩饱和，且激励位移的变化率为负，即 $\delta(t)=-\delta_{\mathrm{C}}$， $\dot{x}(t)<0$ 。

在伸长黏滞和压缩黏滞工作域，弹性-滑动算子的位置 $x_{\mathrm{B}}(t)$ 固定不变，弹性-滑动算子的弹性力 F 与弹簧的变形量 $\delta(t)$ 成比例变化，即

$$F=\begin{cases}k_{\mathrm{E}}\delta(t), & 0<\delta(t)<\delta_{\mathrm{E}}\\ k_{\mathrm{C}}\delta(t), & -\delta_{\mathrm{C}}<\delta(t)<0\end{cases} \tag{3.42}$$

在正向滑动工作域内，弹簧的变形量保持为伸长饱和状态，即 $\delta(t)=\delta_{\mathrm{E}}$，弹性-滑动算子正向滑动；在逆向滑动工作域内，弹簧的变形量保持为压缩饱和状态，即 $\delta(t)=-\delta_{\mathrm{C}}$，弹性-滑动算子逆向滑动。因此，有

$$\dot{\delta}=\begin{cases}\dot{x}, & -\delta_{\mathrm{C}}<\delta<\delta_{\mathrm{E}}\\ 0, & \delta=\delta_{\mathrm{E}}\\ 0, & \delta=-\delta_{\mathrm{C}}\end{cases} \tag{3.43}$$

如果 $0<\delta(t)<\delta_{\mathrm{E}}$，弹性-滑动算子将保持在伸长黏滞工作域；如果 $-\delta_{\mathrm{C}}<\delta(t)<0$，弹性-滑动算子将保持在压缩黏滞工作域；弹性-滑动算子保持在正向滑动工作域或者逆向滑动工作域直到激励位移变化率改变方向，即 $\dot{x}(t)$ 穿越零点。

在激励 $x(t)=a\sin(\omega t)$, 且 $\delta_{\mathrm{E}},\delta_{\mathrm{C}}<a$ 的作用下，由式(3.42)和式(3.43)可以得到，零初始状态($x_{\mathrm{B}}(0)=0$)的弹性-滑动算子的典型输入-输出特性如图 3.12 所示。

由于 $k_{\mathrm{E}}\neq k_{\mathrm{C}}$，且 $\delta_{\mathrm{E}}\neq\delta_{\mathrm{C}}$，获得的迟滞环不再是反对称的。如果 $k_{\mathrm{E}},k_{\mathrm{C}}>0$，

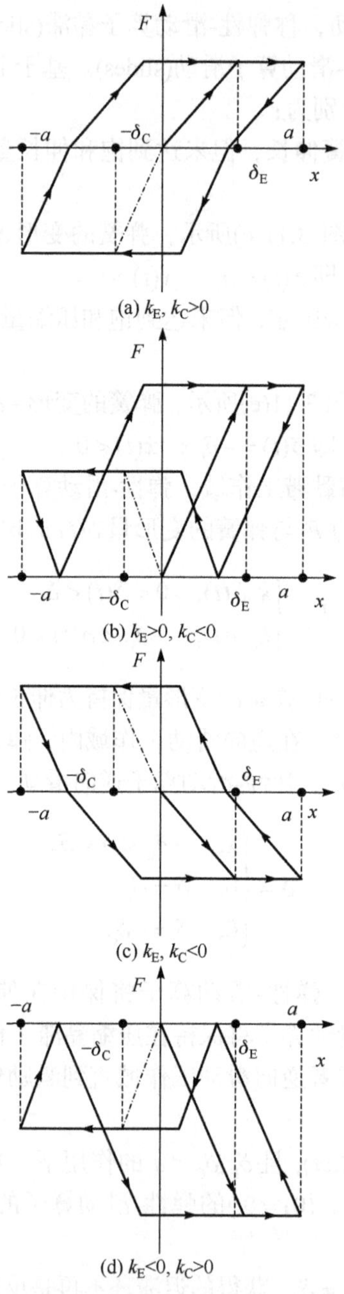

图 3.12　弹性-滑动算子的典型输入-输出特性

如图 3.12(a)所示，当弹簧伸长时，弹性力为正值；当弹簧压缩时，弹性力为负值。如果 $k_E>0, k_C<0$，如图 3.12(b)所示，弹性力一直为正值。如果 $k_E, k_C<0$，如图 3.12(c)所示，当弹簧伸长时，弹性力为负值；当弹簧压缩时，弹性力为正值。如果 $k_E<0, k_C>0$，如图 3.12(d)所示，弹性力一直为负值。

如果 $x_B(0)\neq 0$，输入-输出曲线轨迹并不从原点开始。在图 3.13 中，轨迹 I、I′和 I″(I₁″&I₂″)分别示意图 3.12(a)时弹簧初始松弛 $\delta(0)=0$、伸长 $\delta(0)>0$ 和压缩 $\delta(0)<0$ 时的输入-输出特性。其他情形下与之类似。

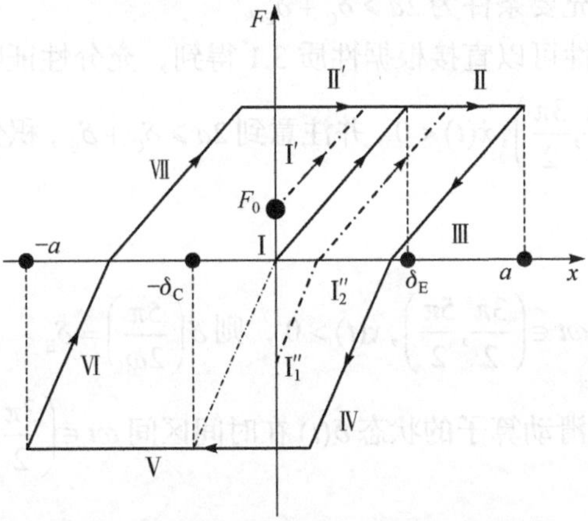

图 3.13 弹性-滑动算子的输入-输出特性($k_E, k_C>0$)

如果一个弹性-滑动算子没有滑动，它的表现与一个弹簧相同，因此不可能辨识出它的最大伸长量和最大压缩量。下面针对弹性-滑动算子进行分析，给出一些定义和特性，基于这些特性可以得到参数辨识所需要的条件。

定义 3.1[可达性(reachability)] 在给定激励 $x(t)$ 作用下，从任意初始变形量 $Q\in S_i$ 出发，当且仅当一个弹性-滑动算子的变形量 $\delta(t)$ 可以达到任何变形量 $P\in S_i$ 时，称该弹性-滑动算子是可达的。

备注 3.1 如果一个弹性-滑动算子是可达的，它所有的参数都将起作用并可以辨识得到，那么一个弹性-滑动算子是可达的是其参数能够被辨识的必要条件。

性质 3.1 在激励 $x(t)$作用下一个弹性-滑动算子是可达的必要条件是

$$\max[x(t)]-\min[x(t)]\geqslant \delta_C+\delta_E \tag{3.44}$$

证明：记$\delta(t_1)=-\delta_C$，$\delta(t_2)=\delta_E$。假设$t_1<t_2$，$-\delta_C<\delta<\delta_E,\forall t\in(t_1,t_2)$，则积分式(3.43)得到$x(t_2)-x(t_1)=\delta(t_2)-\delta(t_1)=\delta_C+\delta_E$。否则，弹性-滑动算子滑动，得到$x(t_2)-x(t_1)>\delta(t_2)-\delta(t_1)=\delta_C+\delta_E$。对于$t_1>t_2$，可以类似得到证明。

备注 3.2 该特性表明只有当激励信号的峰-峰值大于$\delta_C+\delta_E$时，弹性-滑动算子才是可达的。根据备注 3.1 和性质 3.1，如果辨识弹性-滑动算子的参数，激励信号的峰-峰值需要大于$\delta_C+\delta_E$。

性质 3.2 记$x(t)=a\sin(\omega t)+b,a>0$。在激励$x(t)$作用下，一个弹性-滑动算子可达的充要条件为$2a\geqslant\delta_C+\delta_E$。

证明：必要性可以直接根据性质 3.1 得到，充分性证明如下：

对于$\omega t\in\left(\dfrac{\pi}{2},\dfrac{3\pi}{2}\right),\dot{x}(t)<0$，并注意到$2a\geqslant\delta_C+\delta_E$，积分式(3.43)可以得到$\delta\left(\dfrac{3\pi}{2\omega}\right)=-\delta_C$。

类似，如果$\omega t\in\left(\dfrac{3\pi}{2},\dfrac{5\pi}{2}\right),\dot{x}(t)>0$，则$\delta\left(\dfrac{5\pi}{2\omega}\right)=\delta_E$。

因此，弹性-滑动算子的状态$\delta(t)$在时间区间$\omega t\in\left(\dfrac{3\pi}{2},\dfrac{5\pi}{2}\right)$内可以到达任一点$P\in S_i$。

更进一步讲，$\delta(t)$可以在接下来的半个周期内达到任一点$P\in S_i$。

备注 3.3 性质 3.2 给出了一种可用于参数辨识的激励信号。同时，对性质 3.2 的证明过程表明，如果在激励$x(t)$下弹性-滑动算子可达，则初始状态x_B的影响在$\omega t\geqslant\dfrac{3\pi}{2}$之后将被清除。同时可以得到，$\delta\left(\dfrac{(4k-1)\pi}{2\omega}\right)=-\delta_C$，$\delta\left(\dfrac{(4k+1)\pi}{2\omega}\right)=\delta_E,k\in\mathbf{N}^+$。在多数情况下，初始内部状态是未知的，这会导致响应的不确定性。所幸的是，上述分析表明，这些不确定性可以通过具有足够大幅值的正弦激励清除。

3.2.2 改进麦克斯韦模型

如图 3.14 所示，通过将弹性-滑动单元替换为弹性-滑动算子对麦克斯韦模型进行改进。改进麦克斯韦模型的控制方程为

$$\dot{\delta}_i = \begin{cases} \dot{x}, & -\delta_{C,i} < \delta_i < \delta_{E,i} \\ 0, & \delta_i = \delta_{E,i} \\ 0, & \delta_i = -\delta_{C,i} \end{cases} \tag{3.45}$$

$$F = \sum_{i=1}^{n} k_i \delta_i \tag{3.46}$$

$$k_i = \begin{cases} k_{E,i}, & 0 < \delta_i \leqslant \delta_{E,i} \\ k_{C,i}, & -\delta_{C,i} \leqslant \delta_i < 0 \end{cases} \tag{3.47}$$

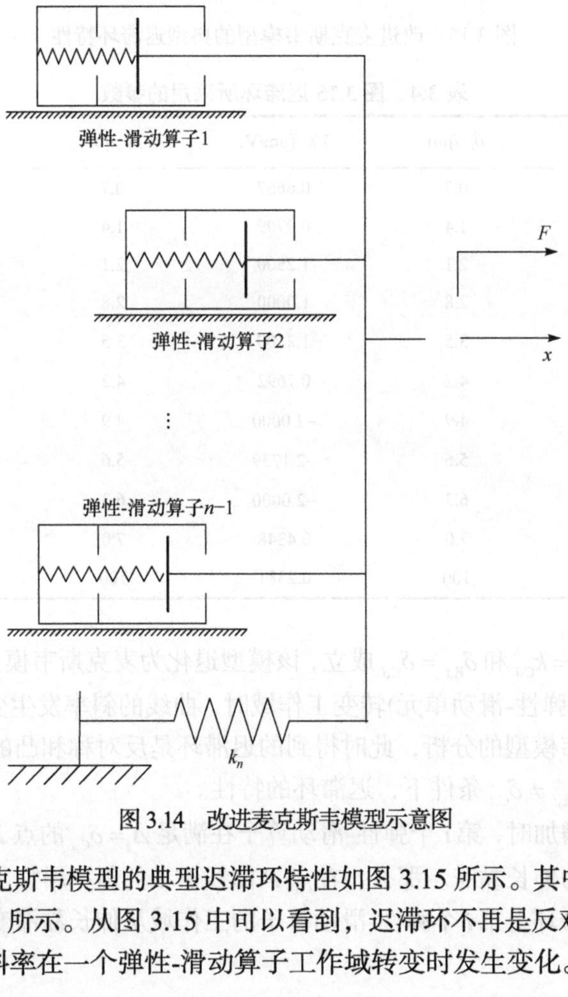

图 3.14　改进麦克斯韦模型示意图

改进麦克斯韦模型的典型迟滞环特性如图 3.15 所示。其中，所采用的参数如表 3.4 所示。从图 3.15 中可以看到，迟滞环不再是反对称和凸的。曲线 F-x 的斜率在一个弹性-滑动算子工作域转变时发生变化。

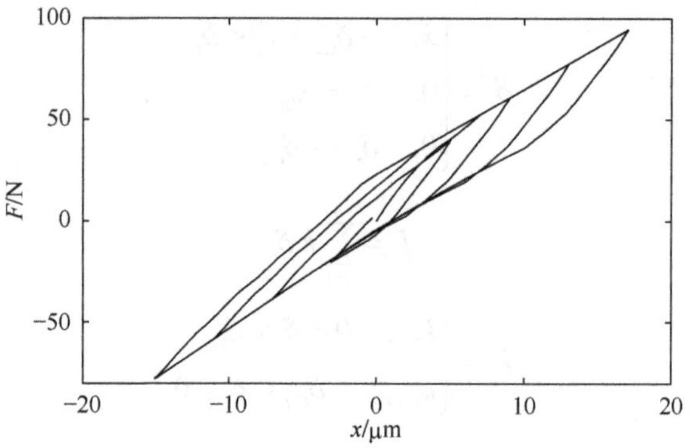

图 3.15　改进麦克斯韦模型的典型迟滞环特性

表 3.4　图 3.15 迟滞环所采用的参数

i	$\delta_{E,i}$/μm	$1/k_i$/(μm/V)	$\delta_{C,i}$/μm	$1/k_i$/(μm/V)
1	0.7	0.6667	0.7	2.5000
2	1.4	0.9709	1.4	3.3333
3	2.1	1.2500	2.1	1.0000
4	2.8	1.0000	2.8	0.6667
5	3.5	1.2500	3.5	−100.0000
6	4.2	0.7692	4.2	−5.0000
7	4.9	−2.0000	4.9	−7.6923
8	5.6	−2.1739	5.6	−10.0000
9	6.3	−2.0000	6.3	−10.0000
10	7.0	0.4348	7.0	−50.0000
11	100	0.2381	100	0.2041

如果 $k_{E,i}=k_{C,i}$ 和 $\delta_{E,i}=\delta_{C,i}$ 成立，该模型退化为麦克斯韦模型。在一个弹性-滑动算子(弹性-滑动单元)转变工作域时，曲线的斜率发生变化。根据前面对麦克斯韦模型的分析，此时得到的迟滞环是反对称和凸的。下面分析 $k_{E,i}\neq k_{C,i}$ 和 $\delta_{E,i}\neq\delta_{C,i}$ 条件下，迟滞环的特性。

当 $x(t)$ 增加时，第 i 个弹性-滑动算子在满足 $\Delta_i=\delta_{C,i}$ 的点 P，工作域从压缩黏滞变为伸长黏滞。那么，在点 P 曲线 F-x 的斜率增加了 k_E-k_C。在下半部分迟滞环上第 i 个弹性-滑动算子的工作域从伸长黏滞变为压缩黏滞

的转折点记为 P'。那么，在点 P'，斜率增加了 $k_{\mathrm{C}}-k_{\mathrm{E}}$ 且 $\varDelta_i'=\delta_{\mathrm{E},i}\neq\varDelta_i$。对于其他的工作域转变，也可以得到类似的结果。这意味着，P 和 P' 不再具有固定的对称中心，因而可以描述非对称的迟滞环。在每个斜率变化点 P_i，如果 $k_{\mathrm{E},i}<k_{\mathrm{C},i}$ 或者 $k_{\mathrm{E},i}>0$，曲线 F-x 的斜率减小；如果 $k_{\mathrm{E},i}>k_{\mathrm{C},i}$ 或者 $k_{\mathrm{E},i}<0$，曲线 F-x 的斜率增加。而在点 P_i'，如果 $k_{\mathrm{E},i}>k_{\mathrm{C},i}$ 或者 $k_{\mathrm{C},i}>0$，曲线 F-x 的斜率减小；如果 $k_{\mathrm{E},i}<k_{\mathrm{C},i}$ 或者 $k_{\mathrm{C},i}<0$，曲线 F-x 的斜率增加。这意味着，改进麦克斯韦模型可以同时描述凸迟滞和凹迟滞。

3.2.3　改进麦克斯韦模型参数辨识

根据性质 3.2，采用输入 $x(t)=a(t)\sin(\omega t+\phi)+b$ 实验系统，获取输入-输出数据用来进行参数辨识。其中，$a(t)$ 和 b 为设计变量，需要覆盖所需区域；ϕ 决定了激励位移的初始值。根据备注 3.1，初始内部状态的影响在时刻 $t\geqslant\dfrac{3\pi}{2\omega}$ 之后被清除。为了避免未知内部状态的影响，在 $t\geqslant\dfrac{3\pi}{2\omega}$ 之后的输入-输出数据用来进行参数辨识。参数辨识通过求解下述最小问题实现：

$$\min_{\boldsymbol{k}_{\mathrm{E}},\,\boldsymbol{k}_{\mathrm{C}},\,\boldsymbol{\delta}_{\mathrm{E}},\,\boldsymbol{\delta}_{\mathrm{C}}}\sum_{k=1}^{N}\left[F(t_k)-\Psi[u](t_k)\right]^2 \tag{3.48}$$

式中，N——样点数量；

Ψ——改进麦克斯韦模型；

$\boldsymbol{k}_{\mathrm{E}}$——伸长刚度向量，$\boldsymbol{k}_{\mathrm{E}}=[k_{\mathrm{E},1},k_{\mathrm{E},2},\cdots,k_{\mathrm{E},n}]^{\mathrm{T}}$；

$\boldsymbol{k}_{\mathrm{C}}$——压缩刚度向量，$\boldsymbol{k}_{\mathrm{C}}=[k_{\mathrm{C},1},k_{\mathrm{C},2},\cdots,k_{\mathrm{C},n}]^{\mathrm{T}}$；

$\boldsymbol{\delta}_{\mathrm{E}}$——最大伸长量向量，$\boldsymbol{\delta}_{\mathrm{E}}=[\delta_{\mathrm{E},1},\delta_{\mathrm{E},2},\cdots,\delta_{\mathrm{E},n}]^{\mathrm{T}}$；

$\boldsymbol{\delta}_{\mathrm{C}}$——最大压缩量向量，$\boldsymbol{\delta}_{\mathrm{C}}=[\delta_{\mathrm{C},1},\delta_{\mathrm{C},2},\cdots,\delta_{\mathrm{C},n}]^{\mathrm{T}}$。

初始参数计算方法如图 3.16 所示，将主迟滞环对应的操作区域均匀划分为 $2n$ 段，每段长度为

$$\Delta x=\frac{\max(x)-\min(x)}{2n} \tag{3.49}$$

假设第 i 个弹性-滑动算子工作域在点 B_i 从伸长黏滞转变为正向滑动，对应的激励位移为 x_{2i}；在点 B_i'，工作域从压缩黏滞转变为逆向滑动，对应的激励位移为 x_{2n-2i}。同时假设每个弹性-滑动算子弹簧的最大伸长量和最大压缩量相等，即 $\delta_{\mathrm{E},i}=\delta_{\mathrm{C},i}=i\Delta x$。那么，在激励位移为 x_i 时，在 S_i 位置第 i

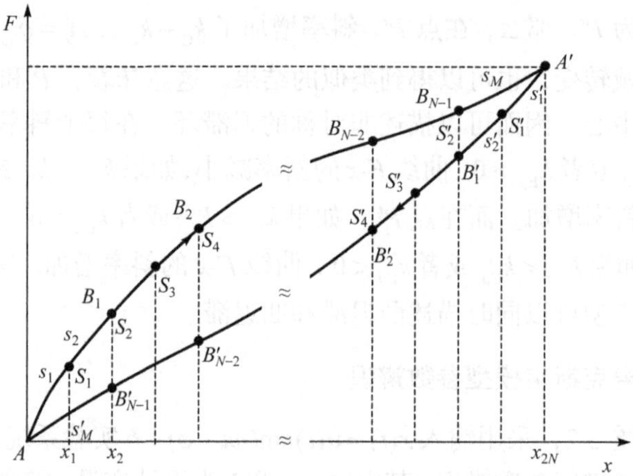

图 3.16　改进麦克斯韦模型的初始参数计算

个弹性-滑动算子的工作域从压缩黏滞转变为伸长黏滞；在激励位移为 x_{2N-i} 时，在位置 S_i' 处第 i 个弹性-滑动算子的工作域从伸长黏滞转变为压缩黏滞。对于每个点 $B_i, i=1,2,\cdots,n$，都有一个对应的 S_i。同时，S_{2k} 和 B_k 在同一个位置，那么，在区间 $\left[\min(x),\dfrac{\min(x)+\max(x)}{2}\right]$ 内可以得到 n 个等间距子区间，每个子区间长度等于 $\dfrac{\max(x)-\min(x)}{2n}$。

在区域 $\left[\dfrac{\min(x)+\max(x)}{2},\max(x)\right]$ 内，如果 n 是偶数，有 $\dfrac{n}{2}$ 个等间距子区间，每个子区间长度为 $\dfrac{\max(x)-\min(x)}{n}$；如果 n 是奇数，有 $\dfrac{n-1}{2}$ 个等间距子区间，每个子区间长度为 $\dfrac{\max(x)-\min(x)}{n}$，还有一个区间长度为 $\dfrac{\max(x)-\min(x)}{2n}$。

因此，主迟滞环的上升曲线和下降曲线被 M 个线段拟合，其中，$M=\left[\dfrac{3n}{2}\right]$。

记上升曲线的第 i 个区间的斜率为 s_i，下降曲线的第 i 个区间的斜率为 s_i'，那么有

$$Ak = \bar{s} \tag{3.50}$$

式中，

$$A = \begin{bmatrix} A_{EE} & A_{EC} \\ A_{CE} & A_{CC} \end{bmatrix}, \quad A_{EE}, A_{EC}, A_{CE}, A_{CC} \in \mathbf{R}^{M\times n} \tag{3.51}$$

$$A_{EC}(i,j) = A_{CE}(i,j) = \begin{cases} 1, & i < j \\ 0, & \text{其他} \end{cases} \tag{3.52}$$

$$A_{EE}(i,j) = A_{CC}(i,j) = \begin{cases} 1, & j < i < 2j \\ 0, & \text{其他} \end{cases} \tag{3.53}$$

$$k = \begin{bmatrix} k_E \\ k_C \end{bmatrix} \tag{3.54}$$

$$\bar{s} = \begin{bmatrix} s \\ s' \end{bmatrix}, \quad s, s' \in \mathbf{R}^{M\times 1} \tag{3.55}$$

$$s = \begin{bmatrix} s_1 & s_2 & \cdots & s_M \end{bmatrix}^T \tag{3.56}$$

$$s' = \begin{bmatrix} s'_1 & s'_2 & \cdots & s'_M \end{bmatrix}^T \tag{3.57}$$

因此，刚度向量为

$$k = (A^T A)^{-1} A^T \bar{s} \tag{3.58}$$

上述初始参数的计算方法的核心是采用 $2M$ 个线段拟合主迟滞环。当基于这一思想和采用上述算法时，构造了 $3n$ 或 $3n+1$ 个线性方程来求解 $2n$ 个参数。因此，可以用最小二乘算法进行求解，如式(3.58)所示。这一步计算得到的参数只是用作参数优化问题的初始参数，通过求解式(3.48)进一步优化。

3.2.4　改进麦克斯韦模型精度分析

第一组验证实验通过本书中所描述的实验系统完成。

根据备注 3.3，采用幅值足够大的正弦信号施加到压电陶瓷作动器上，用于消除初始内部状态的影响。然后采用幅值递减正弦信号施加到压电陶瓷作动器上，采集系统的输入电压采集和输出位移采集用来辨识模型参数。正如备注 3.2 所述，激励信号幅值需要足够大，覆盖整个操作区域。

采用麦克斯韦模型和改进麦克斯韦模型对迟滞进行辨识，参数分别如

表 3.5 和表 3.6 所示，结果如图 3.17 所示。为了显示两个模型性能的差别，在图 3.17 的右下角给出一个局部放大图。本书的实验系统得到的迟滞环基本上是反对称的，因此麦克斯韦模型也给出了不错的结果，正则均方根误差为 0.73%。即使这样，改进麦克斯韦模型还是进一步提高了精度，比麦克斯韦模型更加有效，正则均方根误差达到 0.17%，减小了 76.7%。但是，改进麦克斯韦模型需要的参数是麦克斯韦模型的 2 倍，这增加了模型的复杂度。

表 3.5　麦克斯韦模型参数辨识结果

i	(f_i/k_i)/μm	$(1/k_i)$/(μm/V)	i	(f_i/k_i)/μm	$(1/k_i)$/(μm/V)
1	0.3706	6.4012	7	3.4626	45.0267
2	0.9755	12.5871	8	4.8820	29.2160
3	1.9380	20.2505	9	4.9761	17.7528
4	1.8832	30.7705	10	4.9706	25.0785
5	2.0733	44.8771	11	—	2.0928
6	3.4771	53.9916			

表 3.6　改进麦克斯韦模型参数辨识结果

i	$\delta_{E,i}$/μm	$(1/k_i)$/(μm/V)	$\delta_{C,i}$/μm	$(1/k_i)$/(μm/V)
1	0.0003	0.0162	0.3379	4.7054
2	0.5317	9.5649	1.0669	10.1687
3	2.4077	18.0223	3.8792×10^{-6}	1.1110×10^{-4}
4	0.9732	10.7068	2.4002	33.8481
5	2.7613	45.9112	1.6575	37.2404
6	3.8985	56.5208	1.2356	45.8381
7	3.0290	53.5216	2.6115	23.8911
8	2.1878	17.1898	5.3051	28.6936
9	4.9761	17.7548	4.9761	17.7477
10	4.9706	25.0796	4.9706	25.0757
11	—	2.0254	—	2.1051

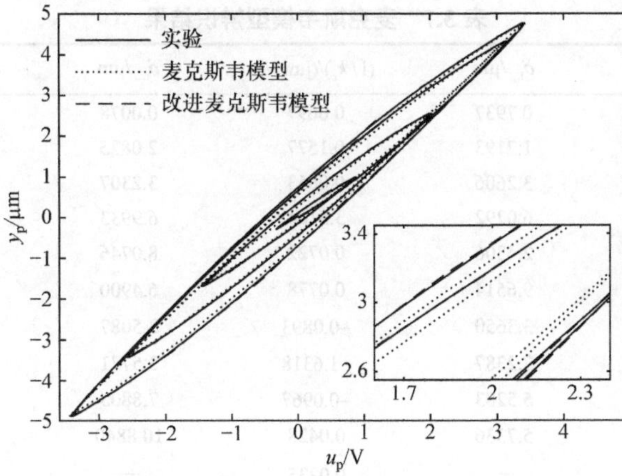

图 3.17　麦克斯韦模型和改进麦克斯韦模型精度对比

为了进一步验证改进麦克斯韦模型描述凸/凹非对称迟滞的能力，第二组实验采用文献[38]的数据。首先，对文献[38]中的图 7 增加细密的网格；然后，提取 259 组输入电压-输出位移的数据对，即 u-y 数据对。采用公式

$$u(t) = (kt + b)[\sin(2\pi t - \pi/2) + 1] \tag{3.59}$$

获得时间向量，其中，k 和 b 从 u 的最值中得到。然后，构造等距但更加密集的时间向量 $\boldsymbol{t}_1$，采用 $\boldsymbol{t}_1$ 对 $\boldsymbol{t}$、$\boldsymbol{u}$ 和 $\boldsymbol{y}$ 进行插值，得到 $\boldsymbol{u}_1$ 和 $\boldsymbol{y}_1$。向量 $\boldsymbol{t}_1$、$\boldsymbol{u}_1$ 和 $\boldsymbol{y}_1$ 用来辨识模型的参数。

表 3.7 给出辨识结果，图 3.18 给出模型的拟合结果，同时在右下角的一个局部放大图中给出中迟滞环的结果。可以看出，麦克斯韦模型只能描述反对称迟滞，对于非对称迟滞的建模误差比较大。改进麦克斯韦模型和文献[38]模型的仿真结果都很好地拟合了实验结果。但是从局部放大图可以看到，改进麦克斯韦模型具有更好的跟踪效果，这也可以从模型相比于实验的误差图 3.19 中看到。主迟滞环、中迟滞环和小迟滞环的正则均方根误差和最大误差如表 3.8 所示，这里，误差采用各自迟滞环的峰-峰值进行正则化。可以看到，改进麦克斯韦模型的建模精度最高。而且，对于改进麦克斯韦模型，主迟滞环、中迟滞环和小迟滞环具有相似的精度。这表明改进麦克斯韦模型能够适应不同的迟滞环。而文献[38]中的模型，主迟滞环的建模精度与改进麦克斯韦模型相近，但是，中迟滞环和小迟滞环的建模误差明显变大。

表 3.7　麦克斯韦模型辨识结果

i	$\delta_{E,i}$/μm	$(1/k_i)$/(μm/V)	$\delta_{C,i}$/μm	$(1/k_i)$/(μm/V)
1	0.7937	0.0697	0.0078	0.0048
2	1.2193	0.1577	2.0825	0.1374
3	3.2606	0.0653	3.2307	0.2232
4	6.0292	3.5104	6.9933	0.1073
5	2.4306	0.0722	8.0746	−5.5321
6	9.6514	0.0778	6.4900	−0.4931
7	3.3650	−0.0893	3.5087	−2.8977
8	7.2387	−1.6318	3.5771	−0.1945
9	5.5283	−0.0967	7.8805	−0.5591
10	5.7336	0.0428	10.8840	−4.6729
11	—	0.0235	—	0.0201

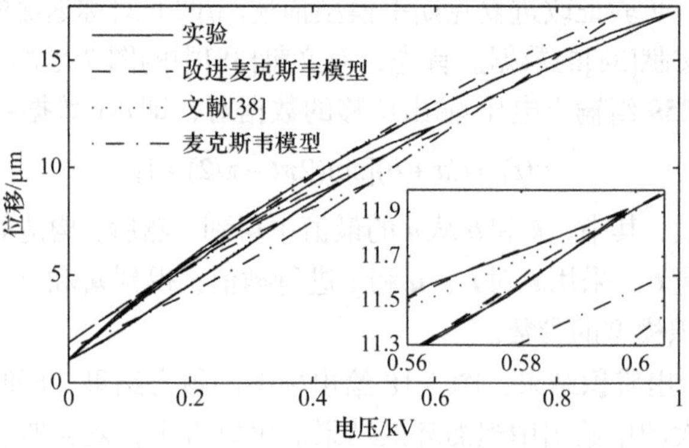

图 3.18　复杂迟滞模型的拟合结果

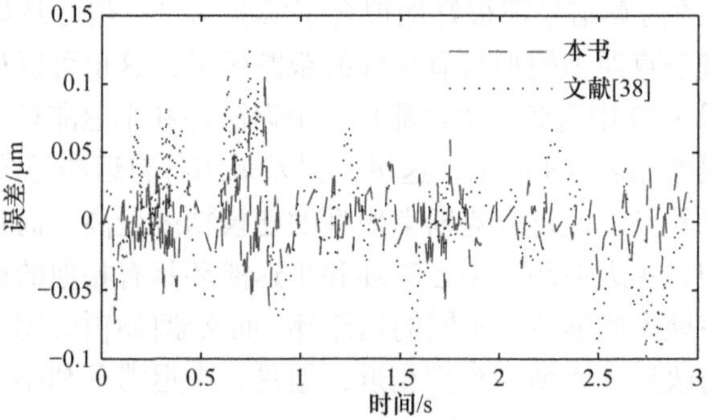

图 3.19　模型误差

表 3.8　建模误差

迟滞环	麦克斯韦模型		改进麦克斯韦模型		文献[38]中模型	
	RMSE/%	ME/%	RMSE/%	ME/%	RMSE/%	ME/%
主迟滞环	4.58	8.79	0.14	0.61	0.26	0.60
中迟滞环	5.38	8.27	0.16	0.57	0.37	0.92
小迟滞环	8.26	11.76	0.19	0.64	0.53	1.27

3.3　分布参数麦克斯韦模型

在前面的分析中可以得到，麦克斯韦模型的精度受到单元数量的限制，提高模型的精度需要增加单元的数量，也就增加了需要辨识的参数和模型的复杂性。为了克服上述问题，本节中给出一种分布参数麦克斯韦模型。

3.3.1　分布参数麦克斯韦模型及其时间维度离散化

如图 3.20 所示，分布参数麦克斯韦模型采用分布参数弹性-滑动单元代替原来的集中参数弹性-滑动单元。其中，x 表示分布参数弹性-滑动单元的特征方向，该特征方向的长度为特征长度 L。分布参数弹性-滑动单元由弹性单元和滑动单元串联而成，弹性单元为弹性体，滑动单元为滑动体。在特征方向上位置 x 处，弹性单元的弹性变形具有饱和值 $S(x)\geqslant 0$，对应弹性单元的最大变形量；弹性单元的变形量饱和后，对应位置的滑动单元开始滑动。分布参数弹性-滑动单元状态方程可以表示为

$$\dot{p}(x)=\begin{cases}\dot{u}(x), & \{x\in S^{+}\ \&\ \dot{u}(x)>0\}\cup\{x\in S^{-}\ \&\ \dot{u}(x)<0\}\\ 0, & \text{其他}\end{cases} \tag{3.60}$$

$$S^{+}=\{S:\forall x\in S,u(x)-p(x)\geqslant S(x)\} \tag{3.61}$$

$$S^{-}=\{S:\forall x\in S,u(x)-p(x)\leqslant -S(x)\} \tag{3.62}$$

式中，x——在特征方向上的位置，$x\in[0,L]$；

$u(x)$——分布式位移输入；

$p(x)$——滑动单元的位置；

S^+——正饱和域；

S^-——负饱和域；

$S(x)$——饱和长度函数。

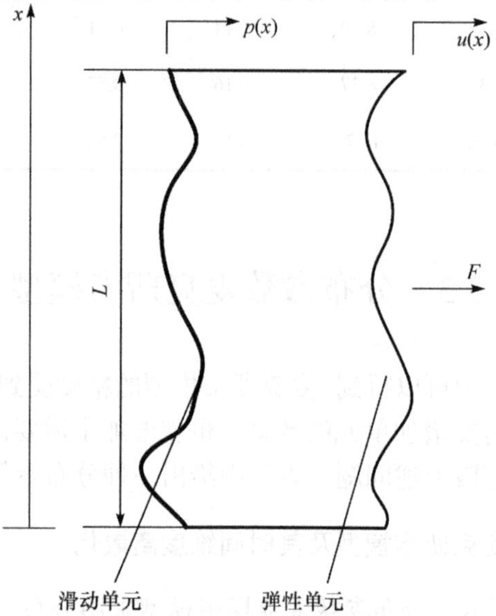

图 3.20　分布参数麦克斯韦模型

分布参数麦克斯韦模型的输出为弹性单元弹性力的合力，即输出方程为

$$F = \int_0^L k(x)[u(x) - p(x)]\mathrm{d}x \tag{3.63}$$

式中，$k(x)$——弹性单元分布刚度函数，表示 x 位置单位长度的刚度，$k(x) \in \mathbf{R}(x)$。

在实际应用中很少采用分布式输入 $u(x)$，而往往采用简化的一致性输入 u。同时，进一步假设饱和变形函数 $S(x)$ 是单调增函数，且满足 $S(0)=0$。当给定期望工作区域 y_p^d 时，对应存在一个位置 $x^d < L$ 满足 $S(x^d) = y_p^d$。在上述假设条件下，当压电陶瓷作动器工作在期望工作区域时，区域 $(x^d, L]$ 内的滑动单元从不滑动，称为静态区域。静态区域内滑动单元的位置 $p(x)$ 从不变化，也无须更新，即

$$\dot{p}(x) = 0, \quad \forall x \in (x^d, L] \tag{3.64}$$

因此，静态区域可以用一个固定弹簧等效，等效刚度 k_f 为

$$k_{\mathrm{f}}=\int_{x^{\mathrm{d}}}^{L}k(x)\mathrm{d}x \tag{3.65}$$

需要注意的是，静态区域的滑动单元从不滑动，因此无法从输出观测其饱和变形函数 $S(x)$ 和刚度函数 $k(x)$ 。上述方程给出了利用滑动区域的刚度函数对静态区域的等效刚度进行估算的方法。但是，静态区域的刚度函数无法直接辨识获得，只能基于辨识得到该区域外的刚度函数进行拓展，可能会存在较大误差。如果误差较大，k_{f} 应作为一个参数通过辨识得到。

进一步假设 $p(x)=0,\forall x\in(x^{\mathrm{d}},L]$ ，则式(3.60)～式(3.63)给出的分布参数麦克斯韦模型可以在时间维度上离散化为

$$p_j(x)=\begin{cases}u_j-S(x), & C_1\\ u_j+S(x), & C_2\\ p_{j-1}(x), & \text{其他}\end{cases} \tag{3.66}$$

$$F_j=\int_0^{x^{\mathrm{d}}}k(x)[u_j-p_j(x)]\mathrm{d}x+k_{\mathrm{f}}u_j \tag{3.67}$$

式中，C_1 ——当前输入的增加导致达到正饱和的区域，即

$$\{u_j>u_{j-1}\}\bigcap\{x:\forall x\in[0,x^{\mathrm{d}}]\ni u_j-p_{j-1}(x)\geqslant S(x)\} \tag{3.68}$$

C_2 ——当前输出的减小导致达到负饱和的区域，即

$$\{u_j<u_{j-1}\}\bigcap\{x:\forall x\in[0,x^{\mathrm{d}}]\ni u_j-p_{j-1}(x)\leqslant -S(x)\} \tag{3.69}$$

3.3.2　分布参数麦克斯韦模型空间离散化与参数辨识

分布参数模型在计算机执行时需要进行空间离散化，首先给出一种简易的空间离散化方法：采用有限点 $p(x_i),i\in\{0,1,2,\cdots,n\}$ 代替分布内部状态 $p(x),x\in[0,x^{\mathrm{d}}]$ 。其中，第一个和最后一个离散点分别满足 $x_0=0$ 和 $x_n=x^{\mathrm{d}}$ ，离散点的数量 n 称为空间离散度。空间离散点 x_i 的分布可以结合迟滞曲线进行选取，这里采用最简单的均匀分布的形式，即均匀分布于区域 $[0,x^{\mathrm{d}}]$ 。

采用上述空间离散化方法，控制方程可以重新表达为

$$\dot{p}(x_i)=\begin{cases}\dot{u}, & \{x_i\in S^+\ \&\ \dot{u}>0\}\bigcup\{x_i\in S^-\ \&\ \dot{u}<0\}\ \&\ x_i\in[0,x^{\mathrm{d}}]\\ 0, & \text{其他}\end{cases} \tag{3.70}$$

$$F = k_f u + \sum_{i=1}^{n} \frac{1}{2}\left\{k(x_{i-1})[u - p(x_{i-1})] + k(x_i)[u - p(x_i)]\right\} \cdot (x_i - x_{i-1}) \tag{3.71}$$

其离散形式为

$$p_j(x_i) = \begin{cases} u_j - S(x_i), & C_1 \\ u_j + S(x_i), & C_2 \\ p_{j-1}(x_i), & \text{其他} \end{cases} \tag{3.72}$$

$$F_j = \sum_{i=1}^{n} \frac{1}{2}\left\{k(x_{i-1})[u_j - p_j(x_{i-1})] + k(x_i)[u_j - p_j(x_i)]\right\} \cdot (x_i - x_{i-1}) + k_f u_j \tag{3.73}$$

式(3.70)和式(3.71)给出的分布参数麦克斯韦模型与式(3.2)和式(3.3)的集中参数麦克斯韦模型十分相似。但它们存在以下几点的不同：对于麦克斯韦模型，内部状态的维数与弹性-滑动单元数量相同，换句话讲，受限于参数的数量。对于式(3.70)和式(3.71)给出的分布参数麦克斯韦模型的内部状态，由分布刚度函数$k(x)$和饱和变形函数$S(x)$控制，而这两个函数由迟滞曲线的特性决定。因此，离散化后，内部状态的维数与模型参数的数量相互独立。实际上，式(3.60)～式(3.63)给出的分布参数麦克斯韦模型更为一般化，而且可以采用其他空间离散化方法。

为进一步简化分布参数麦克斯韦模型，假设饱和变形函数为线性的：

$$S(x) = x \tag{3.74}$$

可以得到，当达到期望行程时，对应的变形饱和位置为

$$x^{\mathrm{d}} = y_{\mathrm{p}}^{\mathrm{d}} \tag{3.75}$$

同时，离散化的状态方程(3.72)重新表达为

$$p_j(x_i) = \begin{cases} u_j - x_i, & C_1 \\ u_j + x_i, & C_2 \\ p_{j-1}(x_i), & \text{其他} \end{cases} \tag{3.76}$$

式中，条件C_1为

$$\{u_j > u_{j-1}\} \cup \{x_i : \forall x_i \in [0, x^{\mathrm{d}}] \ni u_j - p_{j-1}(x_i) \geqslant x_i\} \tag{3.77}$$

条件C_2为

$$\{u_j < u_{j-1}\} \cap \{x_i : \forall x_i \in [0, x^{\mathrm{d}}] \ni u_j - p_{j-1}(x_i) \leqslant -x_i\} \tag{3.78}$$

分布参数麦克斯韦模型的参数可以通过上升曲线或下降曲线获得。下面给出采用初始上升曲线辨识参数的方法。

初始上升曲线定义为从初始零内部状态 $p(x)|_{x\in[0,x_{\mathrm{d}}],t=0}=0$，通过施加零输入初值 $u|_{t=0}=0$，并递增至期望位置 x^{d}，得到的 u-F 曲线。

从零内部初始状态 $p(x)=0,\forall x\in[0,L]$，随着输入位移的增加，滑动单元从位置 $x=0$ 开始依次滑动，即如果位置 x_1 和 x_2 满足 $x_1<x_2$，则位置 x_1 比位置 x_2 先滑动。在时刻 t，输入为 u，对应的开始滑动的位置为 x^{s}，则输出方程(3.67)重新表达为

$$F=\int_0^{x^{\mathrm{s}}}k(x)S(x)\mathrm{d}x+u\int_{x^{\mathrm{s}}}^{x^{\mathrm{d}}}k(x)\mathrm{d}x+k_{\mathrm{f}}u \tag{3.79}$$

式中，

$$x^{\mathrm{s}}=\arg_x\{u=S(x)\} \tag{3.80}$$

根据式(3.74)，进一步得到

$$x^{\mathrm{s}}=u \tag{3.81}$$

外观刚度可以表示为

$$K(x^{\mathrm{s}})=\frac{\partial F}{\partial u}=I(x^{\mathrm{d}})-I(x^{\mathrm{s}})+k_{\mathrm{f}} \tag{3.82}$$

或者

$$K(u)=\frac{\partial F}{\partial u}=I(y_{\mathrm{p}}^{\mathrm{d}})-I(u)+k_{\mathrm{f}} \tag{3.83}$$

式中，

$$I(x)=\int_0^x k(x)\mathrm{d}x \tag{3.84}$$

因此，分布刚度函数为

$$k(u)=\frac{-\partial K(u)}{\partial u} \tag{3.85}$$

式(3.83)给出了从 u 到 K 的映射关系，这一映射关系可以通过实验获得。而外观刚度的表达式 $K(u)$ 可以通过 $\dfrac{\mathrm{d}u_{\mathrm{p}}}{\mathrm{d}y_{\mathrm{p}}}$ 的形状事先确定。然后，它的参数通过求解下述优化问题得到

$$\min_{\alpha}\sqrt{\frac{1}{N^{\mathrm{IniA}}}\sum_{j=1}^{N^{\mathrm{IniA}}}[(\mathrm{d}u_{\mathrm{p}}/\mathrm{d}y_{\mathrm{p}})\big|_j - K(y_{\mathrm{p},j})]^2} \tag{3.86}$$

式中，N^{IniA}——初始上升曲线的采样点数量；

$\boldsymbol{\alpha}$——外观刚度的参数向量。

也可以通过求解下述优化问题直接从初始上升曲线确定外观刚度$K(u)$：

$$\min_{\alpha}\sqrt{\frac{1}{N^{\mathrm{IniA}}}\sum_{j=1}^{N^{\mathrm{IniA}}}\left[u_{\mathrm{p}}\big|_j - \int_0^{y_{\mathrm{p},j}} K(\tau)\mathrm{d}\tau\right]^2} \tag{3.87}$$

进一步，参数可通过求解下述优化问题进一步优化：

$$\min_{\alpha}\sqrt{\frac{1}{N}\sum_{j=1}^{N}\left\{u_{\mathrm{p}} - \mathrm{DPMS}[\boldsymbol{\alpha}](y_{\mathrm{p}})\right\}^2} \tag{3.88}$$

式中，N——采样长度；

DPMS——分布参数麦克斯韦模型。

在上述问题中，外观刚度通过式(3.89)计算得到

$$k_{\mathrm{f}} = K(y_{\mathrm{p}}^{\mathrm{d}}) = K(y_{\mathrm{p}}^{\max}) \tag{3.89}$$

正如前面所说，如果饱和变形函数不能够准确地预测外观刚度，k_{f}需要作为一个独立参数进行辨识。此时，上面的优化问题变为

$$\min_{\alpha,k_{\mathrm{f}}}\sqrt{\frac{1}{N}\sum_{j=1}^{N}\left\{u_{\mathrm{p}} - \mathrm{DPMS}[\boldsymbol{\alpha}](y_{\mathrm{p}})\right\}^2} \tag{3.90}$$

3.3.3 有限记忆离散化与参数辨识

假设$S(x)$是单调增函数，且满足$S(0)=0$；分布式输入替换为集中均一输入，且初始输入为零，即$u(x)=u$且$u|_{t=0}=0$；初始内部状态为零，即$p(x)|_{t=0}=0$。

定义剩余饱和余量为弹性单元饱和前可以继续施加控制量u的增量。根据饱和变形的方向，正饱和余量和负饱和余量分别定义为

$$\bar{S}^{+}(x) = S(x) - \delta(x) \tag{3.91}$$

$$\bar{S}^{-}(x) = S(x) + \delta(x) \tag{3.92}$$

注：如果$x\in S^{+}$，那么$\bar{S}^{+}(x)=0$，且$\bar{S}^{-}(x)=2S(x)$。如果$x\in S^{-}$，那么

$\overline{S}^{+}(x)=2S(x)$，且$\overline{S}^{-}(x)=0$。

在区域$[0,x^{\mathrm{d}}]$，根据剩余饱和余量的特点，分为四种类型：

(1) 均一正饱和区

$$\overline{S}^{+}=\left\{S:\forall x\in S,\overline{S}^{+}(x)=\overline{S}^{+}\in\left[0,\max_{x\in[0,L]}2S(x)\right]\right\} \tag{3.93}$$

显然，一旦一个区域正饱和，它变为一个均一正饱和区$\overline{S}^{+}$，而且，它将一直是一个均一正饱和区$\overline{S}^{+}$，直到这个区域出现负饱和。对于一个均一正饱和区$\overline{S}^{+}=[x_1,x_2]$，有

$$\overline{S}^{+}=S(x_1)-\delta(x_1)=S(x_2)-\delta(x_2) \tag{3.94}$$

$$p(x)=p(x_2)+S(x_2)-S(x),\quad x\in[x_1,x_2] \tag{3.95}$$

(2) 均一负饱和区

$$\overline{S}^{-}=\left\{S:\forall x\in S,\overline{S}^{-}(x)=\overline{S}^{-}\in\left[0,\max_{x\in[0,L]}2S(x)\right]\right\} \tag{3.96}$$

显然，一旦一个区域负饱和，它即变成一个均一负饱和区$\overline{S}^{-}$，而且它一直是均一负饱和区$\overline{S}^{-}$，直到该区域出现正饱和。对于一个均一负饱和区域$\overline{S}^{-}=[x_1,x_2]$，有

$$\overline{S}^{-}=S(x_1)+\delta(x_1)=S(x_2)+\delta(x_2) \tag{3.97}$$

$$p(x)=p(x_2)-S(x_2)+S(x),\quad x\in[x_1,x_2] \tag{3.98}$$

(3) 零内部状态区

$$\overline{S}^{0}=\{S:\forall x\in S,p(x)=0\} \tag{3.99}$$

在一个零内部状态区，有$\overline{S}^{0}$，$\overline{S}^{+}=S(x)-u(x)$和$\overline{S}^{-}=S(x)+u(x)$。一个区域经过初始化消除内部状态的随机性后，变成一个零内部状态区$\overline{S}^{0}$。

(4) 随机内部状态区

$\overline{S}^{\mathrm{R}}$满足

$$(\cup\overline{S}^{+})\cup(\cup\overline{S}^{-})\cup(\cup\overline{S}^{0})\cup(\cup\overline{S}^{\mathrm{R}})=[0,L] \tag{3.100}$$

在一个随机内部状态区$\overline{S}^{\mathrm{R}}$，内部状态和剩余饱和余量随机而不确定。当压电陶瓷加电后，在未经过初始化时，其存在随机内部状态区。

基于上述分析，不同区域之间状态变换汇总如图 3.21 所示。图中，P 表示正饱和，N 表示负饱和，I 表示初始化程序。因此，一旦经历了初始化，

或者所有的区域正饱和或者负饱和后，整个区域内只存在三种类型的区域，即均一正饱和区 $\bar{S}^+$、均一负饱和区 $\bar{S}^-$ 和零内部状态区 $\bar{S}^0$。更进一步，如果一个区域正饱和或者负饱和后，这个区域只能在均一正饱和区 $\bar{S}^+$ 和均一负饱和区 $\bar{S}^-$ 之间切换。

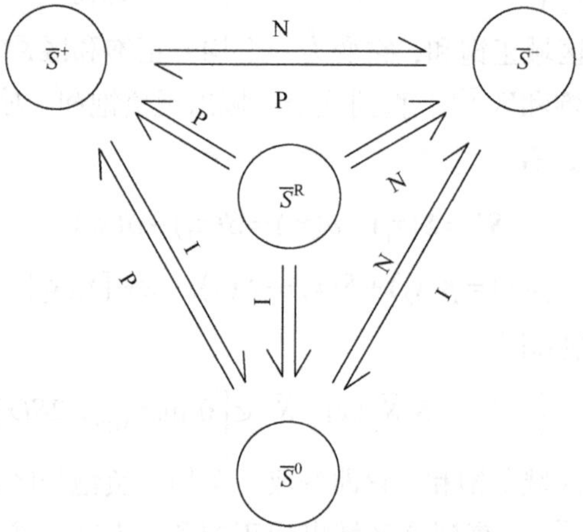

图 3.21　不同区域状态变换示意图

因此，如果 $u|_{t>0} \neq 0$，$p(x)$ 被极值点分割为 $n>1$ 段。将这些极值点依次编号为 $x_1 > x_2 > \cdots > x_n = 0$，并记 $x_0 = L$，那么 $p(x)|_{x\in[x_0,x_1]} = 0$，即 $[x_0, x_1]$ 是一个零内部状态区 $\bar{S}^0$。如果 $p(x_{i+1}) > p(x_i)$，那么 $[x_i, x_{i+1}]$ 是一个均一正饱和区 $\bar{S}^+$。如果 $p(x_{i+1}) < p(x_i)$，那么 $[x_i, x_{i+1}]$ 是一个均一负饱和区 $\bar{S}^-$。不同区域分布示意图如图 3.22 所示。换句话讲，如果得到了极值点 $[x_i, p(x_i, t)]$，那么内部状态 $p(x,t)|_{x\in[x_0,x_n]}$ 就可以通过式(3.95)和式(3.98)计算得到。如果位置 x_0 一直未饱和，那么第一个区域会一直是一个零内部状态区 $\bar{S}^0$。而后面这些区域为均一正饱和区 $\bar{S}^+$、均一负饱和区 $\bar{S}^-$ 交替出现。根据 $p(x_1)$ 和 $p(x_2)$ 的关系，存在两种交替分布形式。因此，输出方程可以表示为

$$F(t) = \sum_{i=1}^{n-1} \left\{ [p(x_i,t) - s(t)S(x_i)] I_{x_{i+1}}^{x_i} + s(t) J_{x_{i+1}}^{x_i} \right\} + (I_{x_n}^{x_0} + K_{\mathrm{f}}) u(t) \tag{3.101}$$

式中，

$$s(t) = (-1)^i \operatorname{sgn}[p(x_1,t) - p(x_2,t)] \tag{3.102}$$

$$I_a^b = \int_a^b k(x)\mathrm{d}x \tag{3.103}$$

$$J_a^b = \int_a^b S(x)k(x)\mathrm{d}x \tag{3.104}$$

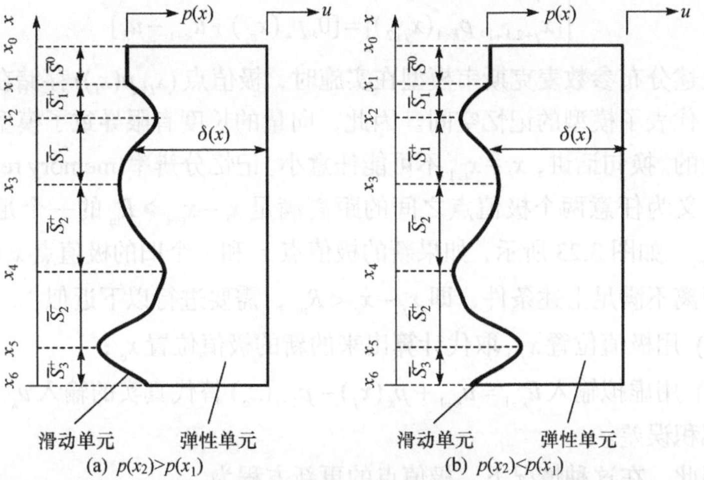

图 3.22　不同区域分布示意图

根据式(3.95)、式(3.98)和式(3.101)，分布参数麦克斯韦模型由极值点$(x_i, p(x_i))$确定。也就是说，只有这些极值点需要记录和更新。

区域$[x_{i+1}, x_i]$的正饱和余量和负饱和余量由式(3.105)和式(3.106)给出：

$$\overline{S}^{+}(x,t)=\begin{cases}S(x_i)-\delta(x_i,t), & p(x_{i+1},t)>p(x_i,t)\\ 2S(x)-\delta(x_i,t)-S(x_i), & p(x_{i+1},t)<p(x_i,t)\end{cases} \tag{3.105}$$

$$\overline{S}^{-}(x,t)=\begin{cases}S(x_i)+\delta(x_i,t), & p(x_{i+1},t)<p(x_i,t)\\ 2S(x)+\delta(x_i,t)-S(x_i), & p(x_{i+1},t)>p(x_i,t)\end{cases} \tag{3.106}$$

如果$u_{k+1} > u_k$，区域$\{S:\forall x\in S, \overline{S}^{+}(x)|_k < u_{k+1}-u_k\}$正饱和，变为一个均一正饱和区$\overline{S}^{+}$。位置$x_{\mathrm{c}} = \underset{x}{\operatorname{argmin}}\{\overline{S}^{+}(x)|_k = u_{k+1}-u_k\}$成为一个新的极值点。同样，如果$u_{k+1} < u_k$，区域$\{S:\forall x\in S, \overline{S}^{-}(x)|_k < u_k-u_{k+1}\}$负饱和，成为一个均一负饱和区$\overline{S}^{-}$。位置$x_{\mathrm{c}} = \underset{x}{\operatorname{argmin}}\{\overline{S}^{-}(x)|_k = u_k-u_{k+1}\}$成为一个新的极值点。因此，极值点的状态更新方程为

$$\begin{cases} j = \underset{i}{\operatorname{argmax}}\{x_i > x_c\} \\ n_{k+1} = j + 2 \\ [x_{i,k+1}, p_{k+1}(x_i)]|_{i\in\{1,2,\cdots,j\}} = [x_{i,k}, p_k(x_i)] \\ [x_{j+1,k+1}, p_{k+1}(x_{j+1})] = [x_c, p_{k+1}(x_c)] \\ [x_{j+2,k+1}, p_{k+1}(x_{j+2})] = [0, p_k(x_{n_k}) + u_{k+1} - u_k] \end{cases} \tag{3.107}$$

上述分布参数麦克斯韦模型在实施时，极值点$(x_i, p(x_i))$存储在一个向量中，代表了模型的记忆空间。因此，向量的长度有限导致了模型的记忆是有限的。换句话讲，$x_i - x_{i+1}$不可能任意小。记忆分辨率(memory resolution, MR)定义为任意两个极值点之间的距离满足$x_i - x_{i+1} \geqslant R_m$的一个足够小的小量$R_m$。如图 3.23 所示，如果新的极值点$x_c$和一个旧的极值点$x_j(> x_c)$之间的距离不满足上述条件，即$x_j - x_c < R_m$，需要进行以下近似：

(1) 用极值位置x_{j-1}取代计算出来的新的极值位置x_c；

(2) 用虚拟输入$\tilde{u}_{k+1} = u_{k+1} + p_k(x_j) - p_{k+1}(x_c)$替代真实的输入$u_{k+1}$，从而避免累积误差。

因此，在这种情况下，极值点的更新方程为

$$\begin{cases} j = \underset{i}{\operatorname{argmax}}\{x_i > x_c\} \\ n_{k+1} = j \\ [x_{i,k+1}, p_{k+1}(x_i)]_{i\in\{1,2,\cdots,j-1\}} = [x_{i,k}, p_k(x_i)] \\ \tilde{u}_{k+1} = u_{k+1} + p_k(x_j) - p_{k+1}(x_c) \\ [x_{j,k+1}, p_{k+1}(x_j)] = [0, p_k(x_{n_k}) + \tilde{u}_{k+1} - u_k] \end{cases} \tag{3.108}$$

分布刚度函数的参数可以通过初始上升曲线或者主上升曲线获得。不同于前面通过初始上升曲线获得，这里以主上升曲线为例给出。在实际应用中，主上升曲线只需要采用足够大的输入使其覆盖期望的行程。主上升曲线定义为从初始内部状态$p(x)|_{x\in[0,x_d],t=0} = -S(x)$通过施加输入初值为期望位置$x_d$的负饱和变形值$u|_{t=0} = -S(x_d)$的递增输入得到的 u-F 曲线。符号x_d表示覆盖期望行程时对应的饱和变形位置。由于区域$[x_d, x_0]$从不滑动，其内部状态是任意的和随机的，不失一般性，假设初始内部状态为 0，即$p(x)|_{x\in[x_d,x_0],t=0} = 0$。因此，对于给定的输入，滑动单元的变形曲线具有两个峰值，即

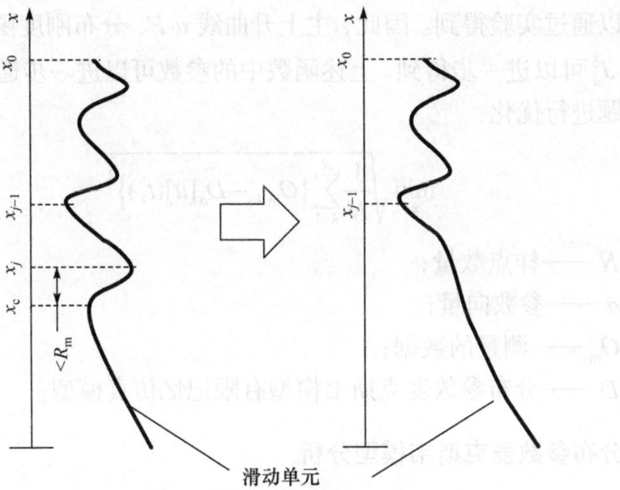

图 3.23　有限记忆离散化示意图

$$\begin{cases}[x_1,p(x_1,t)]=\left[\arg\limits_{x}\left\{S(x)=\dfrac{u(t)-u(0)}{2}\right\},-S(x_1)\right]\\[x_2,p(x_2,t)]=[0,u(t)]\end{cases}\tag{3.109}$$

其中，区域$[x_2,x_1]$正饱和，有

$$p(x,t)\big|_{x\in[x_1,x_\mathrm{d}]}=-S(x)\tag{3.110}$$

因此，弹性单元输出的弹性变形力为

$$F(t)=\int_0^{x_1}k(x)S(x)\mathrm{d}x+\int_{x_1}^{x_\mathrm{d}}k(x)[u(t)+S(x)]\mathrm{d}x+K_\mathrm{f}u(t)\tag{3.111}$$

曲线 u-F 的斜率为

$$K(u)=\frac{\partial F}{\partial u}=I_{x_1}^{x_\mathrm{d}}+K_\mathrm{f}\tag{3.112}$$

式中，

$$K_\mathrm{f}=K(u)\big|_{u(t)=S(x^\mathrm{d})}\tag{3.113}$$

由此可得

$$k(x_1)=-\frac{\partial K(u)}{\partial x_1}=-\frac{\partial K(u)}{\partial u}\cdot\frac{\partial u}{\partial x_1}\tag{3.114}$$

式中，$\dfrac{\partial u}{\partial x_1}$可以在给定$S(x)$的表达式后，通过式(3.109)求得。而 $K(u)$的表

达式可以通过实验得到。因此，主上升曲线 u-F、分布刚度函数 $k(x)$、积分式 I_a^b 和 J_a^b 可以进一步得到。上述函数中的参数可以进一步通过求解以下最小化问题进行优化：

$$\min_{\boldsymbol{\alpha}} \sqrt{\frac{1}{N}\sum_{k=1}^{N}\left\{O_{\mathrm{m},k} - D_{\boldsymbol{\alpha}}[u](t_k)\right\}^2} \tag{3.115}$$

式中，N——样点数量；

$\boldsymbol{\alpha}$——参数向量；

O_{m}——测量的数据；

D——分布参数麦克斯韦模型有限记忆仿真模型。

3.3.4　分布参数麦克斯韦模型分析

分布参数麦克斯韦模型与麦克斯韦模型类似，也是双向模型，既可以描述正向迟滞，也可以直接描述逆向迟滞。同时，在分布参数麦克斯韦模型中没有约束刚度函数 $k(x)$ 的值域，即 $k(x)\in\mathbf{R}(x)$，这意味着分布参数麦克斯韦模型与一般麦克斯韦模型一样具备对逆向迟滞和非凸迟滞的建模能力。因此，本节直接用分布参数麦克斯韦模型对本书实验系统获得的逆向迟滞进行建模，即将实验系统的输入电压作为分布参数麦克斯韦模型的输出，而实验系统的输出位移对应该模型的输入，如图 3.24 所示。

采用五阶多项式拟合初始上升曲线得到

$$\begin{aligned} u_{\mathrm{p}} &= 0.2422y_{\mathrm{p}}^5 - 0.7932y_{\mathrm{p}}^4 + 1.0965y_{\mathrm{p}}^3 - 0.9342y_{\mathrm{p}}^2 \\ &\quad + 1.4041y_{\mathrm{p}} + 0.0005 \end{aligned} \tag{3.116}$$

接着，初始上升曲线的斜率通过 $\frac{\mathrm{d}u_{\mathrm{p}}}{\mathrm{d}y_{\mathrm{p}}}$ 进行近似。根据斜率曲线的形状，选择三种形式的刚度函数来拟合 $\frac{\mathrm{d}u_{\mathrm{p}}}{\mathrm{d}y_{\mathrm{p}}}$，分别是指数函数刚度函数 $K^{\mathrm{EXP}}(u)$、幂函数刚度函数 $K^{\mathrm{POW}}(u)$ 和多项式刚度函数 $K^{\mathrm{POL}}(u)$：

$$K^{\mathrm{EXP}}(u) = a_1^{\mathrm{EXP}}\exp(a_2^{\mathrm{EXP}}u) + a_3^{\mathrm{EXP}} \tag{3.117}$$

$$K^{\mathrm{POW}}(u) = a_1^{\mathrm{POW}}(u + a_2^{\mathrm{POW}})^{a_3^{\mathrm{POW}}} + a_4^{\mathrm{POW}} \tag{3.118}$$

$$K^{\mathrm{POL}}(u) = a_1^{\mathrm{POL}}u^4 + a_2^{\mathrm{POL}}u^3 + a_3^{\mathrm{POL}}u^2 + a_4^{\mathrm{POL}}u + a_5^{\mathrm{POL}} \tag{3.119}$$

通过求解式(3.87)从初始上升曲线获得的参数作为初始参数，进一步采用主迟滞环的数据通过求解式(3.88)进行优化。初始参数和最优参数如表 3.9 所示。所采用的采样周期为 0.01s，空间离散度为 20。

如图 3.24(a)所示，将幅值渐减的三角波信号 u_p 施加到压电陶瓷作动器上，获得压电陶瓷的输出 y_p，并将其施加到分布参数麦克斯韦模型上，如图 3.24(b)所示。

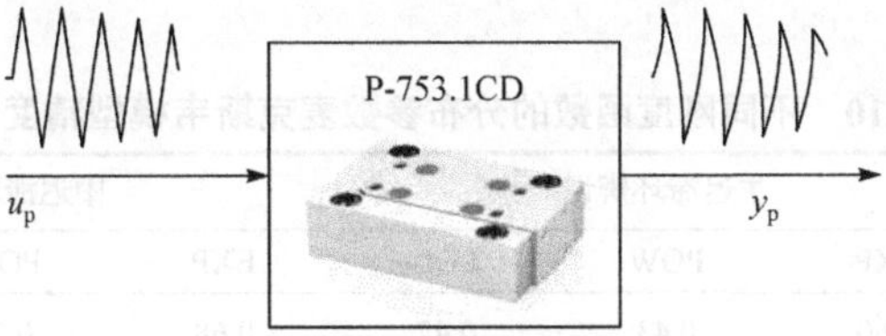

(a) 实验系统输入输出信号

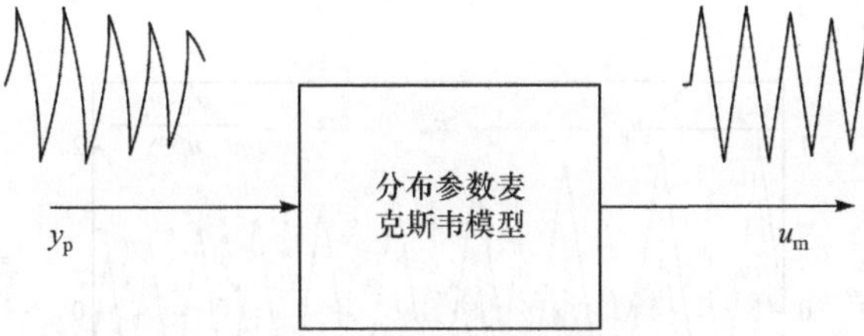

(b) 逆模型参数辨识时模型输入输出信号

图 3.24　数据获取与模型验证

表 3.9　初始参数和最优参数

参数	初始值	最优值	中迟滞环	参数	初始值	最优值	中迟滞环
a_1^{EXP}	0.5531	0.6280	0.6451	a_1^{POL}	1.5612	1.2875	5.4642
a_2^{EXP}	–2.9397	–3.1212	–3.6482	a_2^{POL}	–3.8790	–4.2196	–11.1747
a_3^{EXP}	0.8389	0.8120	0.8290	a_3^{POL}	3.7698	4.7426	8.5158
a_1^{POW}	0.4562	1.0486	1.4669	a_4^{POL}	–1.9941	–2.5068	–3.2981
a_2^{POW}	0.1756	0.0276	0.0038	a_5^{POL}	1.4142	1.4701	1.5257
a_3^{POW}	–0.4535	–0.1646	–0.1133				
a_4^{POW}	0.4261	–0.2131	–0.6392				

空间离散度设置为 10。模型的输出 u_m 与压电陶瓷的输入 u_p 进行比较以验证模型的精度(图 3.25)。从图 3.25 可以看出，无论采用哪一个刚度函数，模型的输出 u_m 都很好地跟踪了 u_p，最大误差 e 小于 2%。如表 3.10 所示，当采用指数函数刚度函数时，均方根误差和最大误差略大，分别为 0.60%和 1.62%。但是，此时只需要三个参数。从表 3.2 比较可以看出，分布参数麦克斯韦模型采用较少的参数获得了较高的精度，特别是当采用幂函数刚度函数时。

表 3.10　不同刚度函数的分布参数麦克斯韦模型精度比较

参数	主迟滞环辨识			中迟滞环辨识		
	EXP	POW	POL	EXP	POW	POL
e_{RMSE}/%	0.60	0.43	0.47	0.68	0.50	0.86
e_{ME}/%	1.62	1.35	1.61	1.68	1.69	2.94

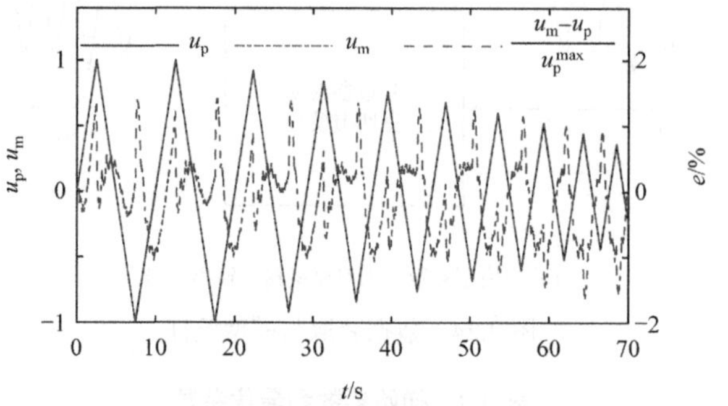

(a) 指数函数刚度函数

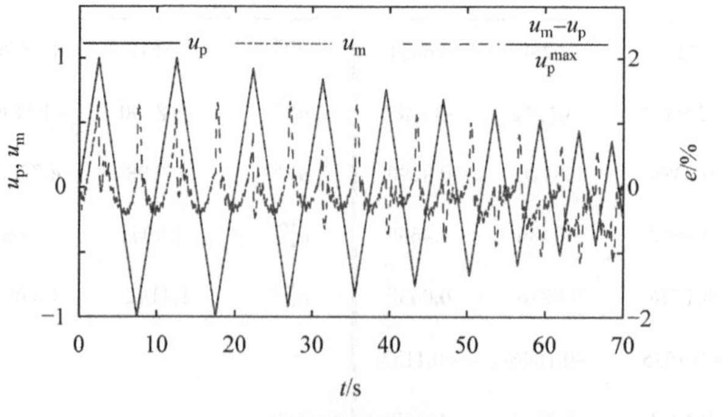

(b) 幂函数刚度函数

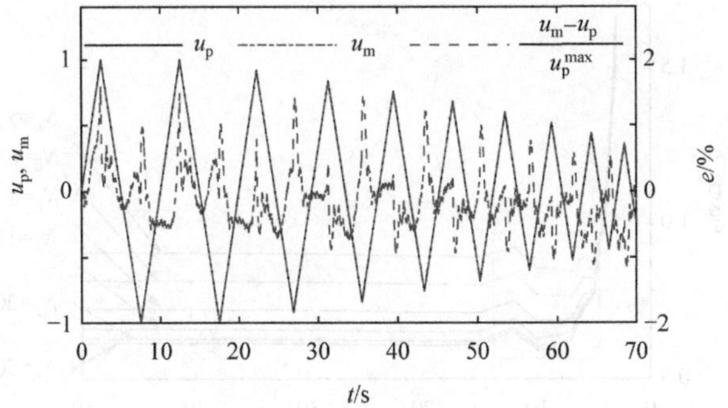

(c) 四阶多项式刚度函数

图 3.25　分布参数麦克斯韦模型精度

空间离散度的影响如图 3.26 所示，其中 N_I 和 N_E 分别表示参数辨识和模型验证所采用的空间离散度。一般来讲，不论采用哪一个刚度函数，增加 N_E 总会减小均方根误差。当 N_E 比较小时，这一趋势比较显著，随着 N_E 的增加而变得不明显。当 N_I 较小时，均方根误差比较大。但是增加 N_I 并不能保证均方根误差的减小，特别是当采用幂函数刚度函数时，存在一个最优的 N_I，并且最优值随着刚度函数和 N_E 的不同而不同。但当采用指数函数刚度函数和多项式刚度函数时，这一最优值在 10 左右。比较而言，采用指数函数刚度函数，模型的精度对 N_I 和 N_E 具有鲁棒性；但是，当采用幂函数刚度函数和多项式刚度函数时，可以获得更小的均方根误差。上述结果表明选择合适的刚度函数的重要性，也暗示了 x_i 的分布对模型的精度可能具有重要影响。

从图 3.27 可以看出，当把 k_f 作为独立参数时，其结果与通过刚度函数预测 k_f 十分相似。当采用幂函数刚度函数时，两者具有较小的差别；而当采用指数函数刚度函数和多项式刚度函数时，两者几乎一样。其原因在于，辨识得到的 k_f 与通过指数函数刚度函数预测的值相同或者十分接近，如表 3.11 所示。上述结果进一步表明，由于压电陶瓷的迟滞存在一定的模式，选择适当的刚度函数不仅可以描述实验得到的迟滞曲线，甚至可以预测静态区域的一些特性。因此，分布参数麦克斯韦模型可以从局部的迟滞环来辨识模型参数，而不完全依赖整个主迟滞环。这一点为在线参数辨识提供了一种可能性。

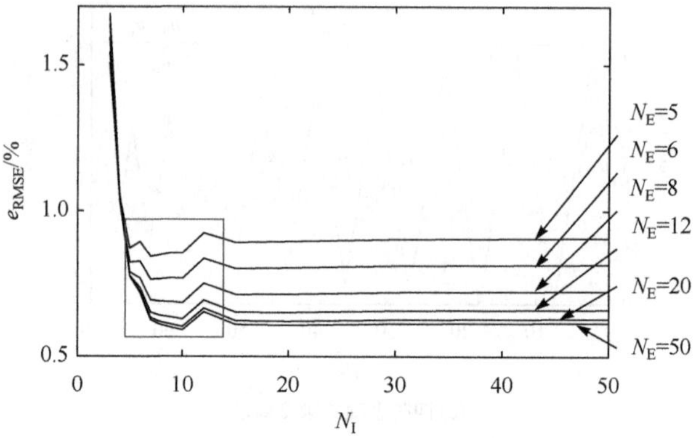

(a) 指数函数刚度函数

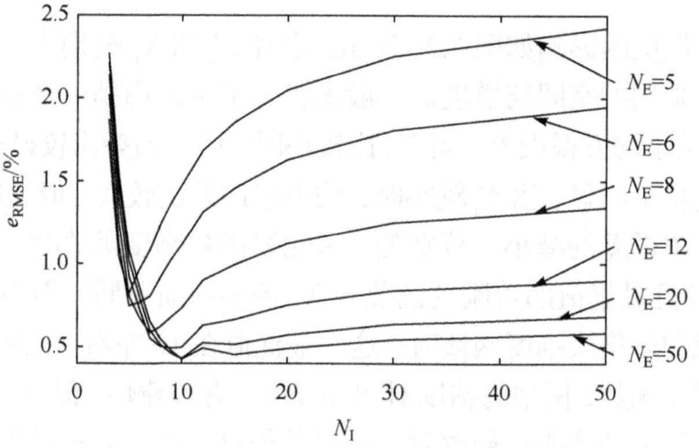

(b) 幂函数刚度函数

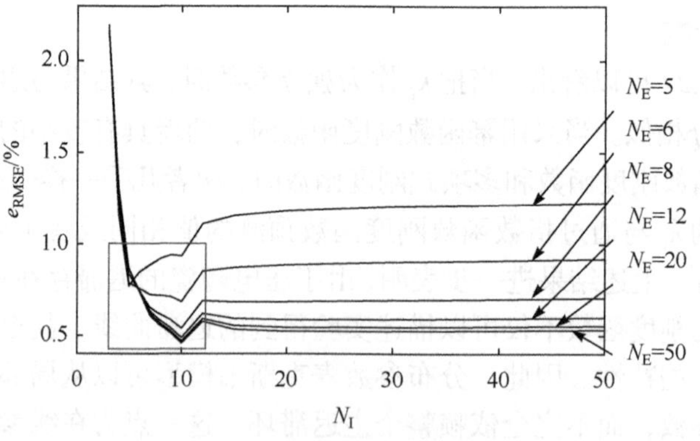

(c) 四阶多项式刚度函数

图 3.26　空间离散度的影响

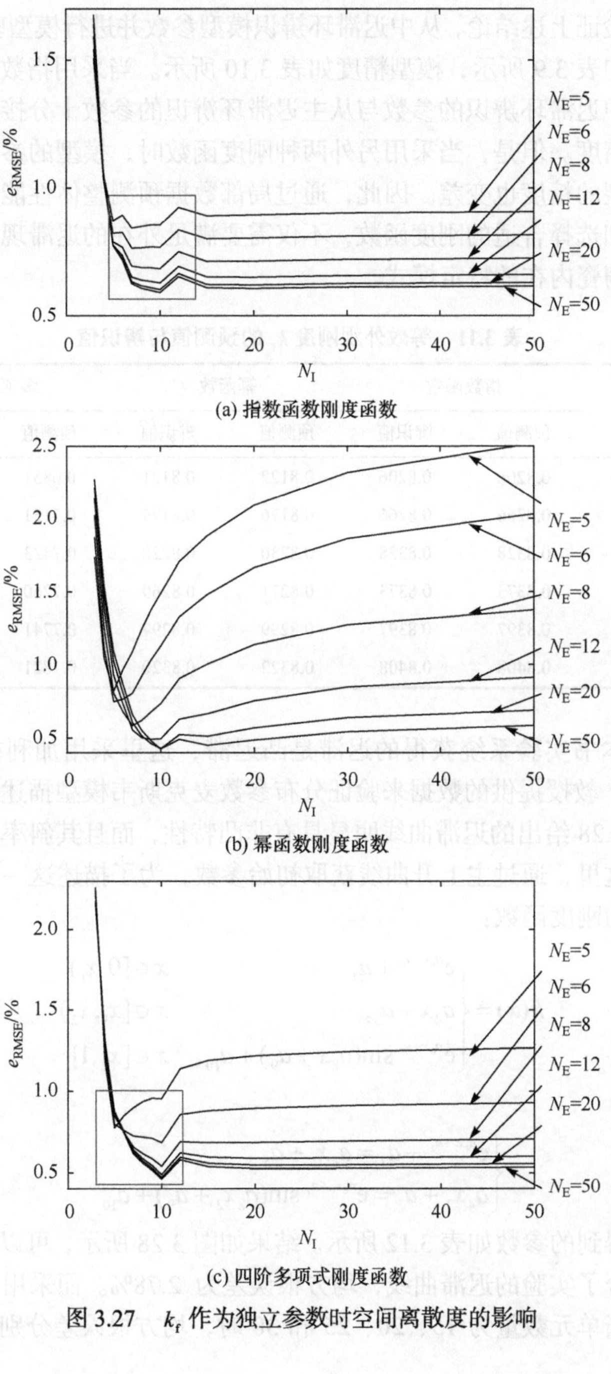

(a) 指数函数刚度函数

(b) 幂函数刚度函数

(c) 四阶多项式刚度函数

图 3.27　k_t 作为独立参数时空间离散度的影响

为了验证上述结论，从中迟滞环辨识模型参数并进行模型验证。其中，辨识结果如表 3.9 所示，模型精度如表 3.10 所示。当采用指数函数刚度函数时，从中迟滞环辨识的参数与从主迟滞环辨识的参数十分接近，模型具有相似的精度。但是，当采用另外两种刚度函数时，模型的参数有较大的不同，模型的精度也变差。因此，通过局部数据预测整体性能是可行的，但需要仔细选择合适的刚度函数，不仅需要满足外在的迟滞现象，也需要反映压电陶瓷内在的特定模式。

表 3.11　等效外观刚度 k_f 的预测值与辨识值

N_1	指数函数		幂函数		多项式函数	
	预测值	辨识值	预测值	辨识值	预测值	辨识值
5	0.8206	0.8206	0.8122	0.8121	0.6851	0.6740
6	0.8266	0.8266	0.8176	0.8174	0.7151	0.7101
8	0.8328	0.8328	0.8230	0.8228	0.7423	0.7396
12	0.8373	0.8373	0.8271	0.8269	0.7260	0.7599
20	0.8397	0.8397	0.8299	0.8297	0.7741	0.7719
50	0.8408	0.8408	0.8322	0.8320	0.7821	0.7804

由于本书实验系统获得的迟滞是凸迟滞，这里采用加利福尼亚大学 Christopher 教授提供的数据来验证分布参数麦克斯韦模型描述非凸迟滞的能力。图 3.28 给出的迟滞曲线明显具有非凸特性，而且其斜率在较大范围内变化。这里，通过主上升曲线获取初始参数，为了描述这一复杂迟滞，采用分段的刚度函数：

$$k(x)=\begin{cases}\mathrm{e}^{a_1x+a_2}+a_3, & x\in[0,x_1)\\ a_4x+a_5, & x\in[x_1,x_2)\\ \mathrm{e}^{a_6x+a_7}\sin(a_8x+a_9)+a_{10}, & x\in[x_2,1]\end{cases} \tag{3.120}$$

满足约束

$$\begin{cases}\mathrm{e}^{a_1x_1+a_2}+a_3=a_4x_1+a_5\\ a_4x_2+a_5=\mathrm{e}^{a_6x_2+a_7}\sin(a_8x_2+a_9)+a_{10}\end{cases} \tag{3.121}$$

辨识得到的参数如表 3.12 所示。结果如图 3.28 所示，可以看到，模型很好地拟合了实验的迟滞曲线，均方根误差为 2.78%。而采用一般麦克斯韦模型，当单元数量为 15、20、25 和 30 时，均方根误差分别为 4.60%、

4.08%、3.78%和 3.81%。因此，分布参数麦克斯韦模型采用更少的参数获得了精度更高的结果。

表 3.12　非凸迟滞的 GPMS 模型参数辨识结果

参数	结果	参数	结果
a_1	−34.5256	a_8	41.1938
a_2	6.4633	a_9	−1.6269
a_3	0.4938	a_{10}	9.9466
a_4	−3.7498	x_1	0.2511
a_5	1.5453	x_2	0.8833
a_6	4.6203	k_f	−0.2773
a_7	−0.0215		

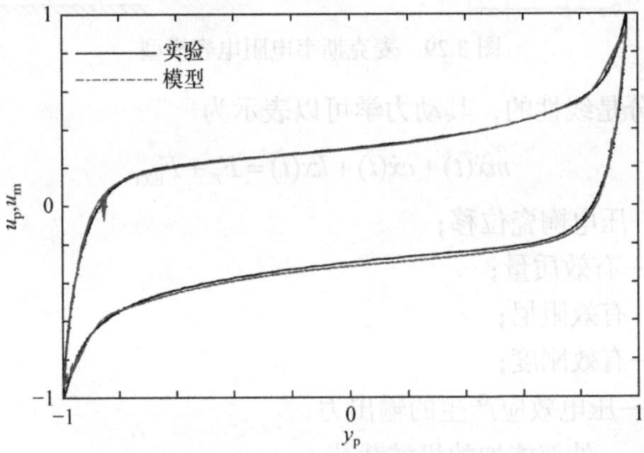

图 3.28　对非凸迟滞的建模结果

3.4　麦克斯韦模型的电学解释

麦克斯韦模型最初用于描述滑动前摩擦力，前面给出的物理原理解释也是基于力学原理给出的。1997 年，Goldfarb 和 Celanovic 将麦克斯韦模型引入电学领域，用于描述压电陶瓷作动器的迟滞现象[7, 35]。本书作者进一步给出麦克斯韦模型在电学原理上的解释，本节对此进行说明。

3.4.1　集中参数麦克斯韦电阻电容模型

如图 3.29 所示，麦克斯韦电阻电容模型从物理原理出发，分为电学部分、力学部分和两部分间存在的能量转换器。在麦克斯韦电阻电容模型中，认为迟滞非线性仅存在于电学部分，用 MRC 模块表示。

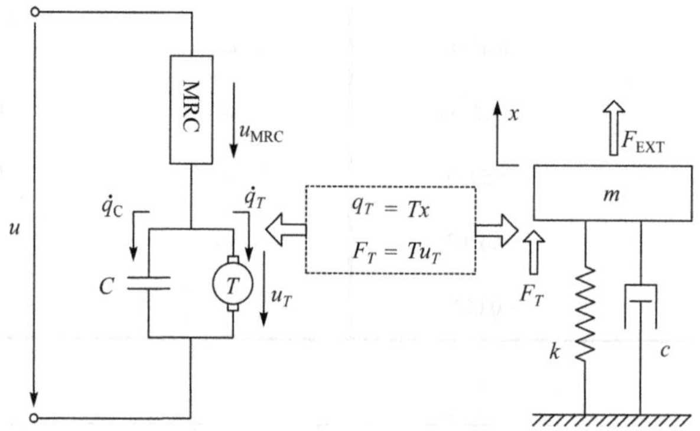

图 3.29　麦克斯韦电阻电容模型

力学部分是线性的，其动力学可以表示为

$$m\ddot{x}(t)+c\dot{x}(t)+kx(t)=F_T+F_{EXT} \tag{3.122}$$

式中，x——压电陶瓷位移；

m——有效质量；

c——有效阻尼；

k——有效刚度；

F_T——压电效应产生的输出力；

F_{EXT}——外部施加的机械载荷。

电-力转换关系可以表示为

$$F_T=T_F u_T \tag{3.123}$$

$$q_T=T_q x \tag{3.124}$$

式中，u_T——施加到能量转换器的电压；

q_T——施加到能量转换器的电荷量；

T_F——从电压到力的电-力转换系数；

T_q——从位移到电荷量的力-电转换系数。

在文献[7]和文献[35]～[38]中，没有对从电压到力的电-力转换系数和从位移到电荷量的力-电转换系数进行区分。即使具有相同的数值，但它们实际上具有不同的物理含义和解释。因此，这里采用不同的物理变量来描述[78]。

施加到压电陶瓷作动器上的总电压和电荷量分别为

$$u = u_{\mathrm{MRC}} + u_T \tag{3.125}$$

$$q = Cu_T + q_T \tag{3.126}$$

式中，C——压电陶瓷作动器的电容；

u_{MRC}——施加到 MRC 模块的电压。

这里认为迟滞仅存在于电学部分，即 MRC 模块的电压u_{MRC}和电荷量q之间。Goldfarb 和 Celanovic 从分子极化的角度给出了 MRC 模块的一般性解释[35]，作者在文献[39]中对这一解释进行了详细阐述。

压电陶瓷是一种多晶体多电畴(weiss domains)材料，对于其中的每个电畴，具有方向相同的自发极化。但就由多晶体多电畴组成的整体而言，未经极化处理的压电陶瓷材料，电畴的无规则排列，电畴的极化效应相互抵消，因而整体并不具有压电效应。为使其具有压电效应，必须进行极化处理。经过极化处理后，电畴的方向按照一定朝向排列，但并不能完全一致[79]，如图 3.30(a)所示。当外界电场施加到具有相同极化方向的电畴上时，会带来两个效应：电畴被拉伸或者被压缩，电畴方向朝着与外电场方向对齐的趋势发生旋转，如图 3.30(b)所示。电畴变形或者旋转后，压电陶瓷的正负电荷中心不再重合，整体上产生表面电荷；另外，电畴的变化也引起机械应变，并产生应力。在温度和外界电场强度一定的条件下，电畴方向旋转的角度受到限制。在电畴旋转到与外电场方向完全对齐或者达到其他约束后，再增加外界电场的强度只能带来电畴变形的增加，如图 3.30(c)所示。当外界电场改变方向时，电畴具有相似的变化过程：电畴的变形和旋转，如图 3.30(d)所示。同样，方向旋转到与电场方向完全一致或者受到约束后，仅造成电荷的变化，如图 3.30(e)所示。

上述两个过程可以用电压-电荷曲线描述，如图 3.31 所示，其中，δu表示电压的连续变化量，q表示存储在电畴上的电荷量，Q表示施加在电

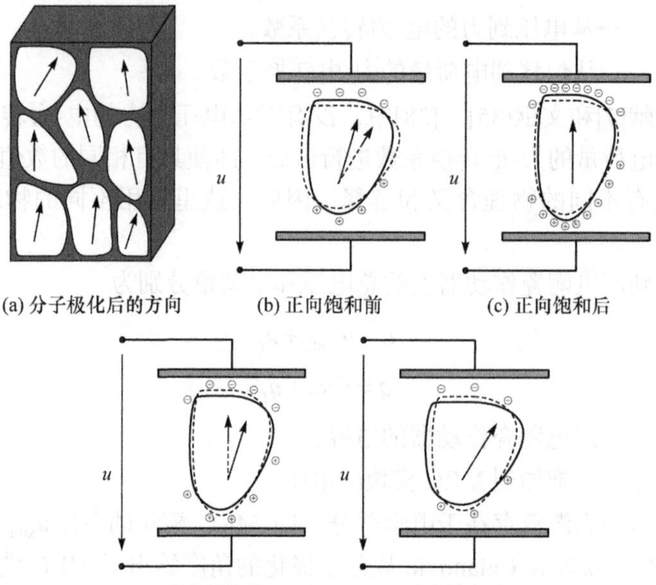

图 3.30　施加电场后压电陶瓷和电畴的行为示意图

畴上的电荷量，u_S 表示饱和电压值，即连续电压变化量的阈值。图 3.31 中描述的是正电容切换的电畴，即电压增加时电容增加。不失一般性，同时作为简化，施加电压和表面电荷之间的关系假设为线性的。在电压连续变化量 δu 达到饱和阈值 u_S 之前，存储在电畴的电荷的变化率和施加其上的电荷的变化率相等，且与施加电压的变化率成正比；当电压的连续变化量 δu 达到饱和阈值 u_S 时，电畴的电容增加。当电压切换变化方向时，电容切换为原来的值。

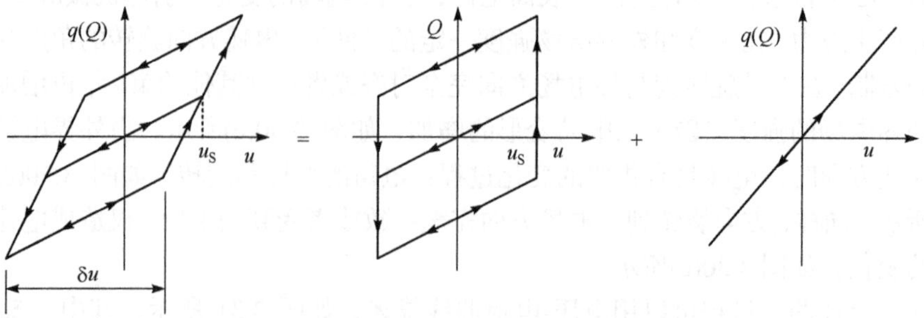

图 3.31　正电容切换电畴的电压-电荷特性

图 3.31 中所描述的正电容切换的电畴可以通过两个理想元件的串联关系给出：理想电容器和电压饱和电容器(如图 3.32 所示)。它们的电压-电荷特性也在图 3.31 中给出。理想电容器的有效电容为 C_e。电压饱和电容器存在饱和电压 u_S，在施加到电压饱和电容器的电压达到饱和值之前，电压饱和电容器的存储电荷量和施加电荷量变化率相同，且与施加电压的变化率成比例，即

$$\dot{q}=\dot{Q}=\frac{\dot{u}}{S} \tag{3.127}$$

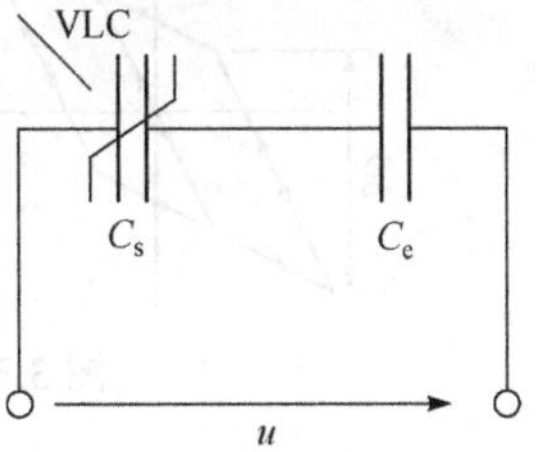

图 3.32　正电容切换电畴的等效电路

一旦电压达到饱和值 u_S，电荷可以毫无阻力地穿越电压饱和电容器，因此电压饱和电容器上存储的电荷量和两端的电压不再变化，即

$$u=u_S \tag{3.128}$$

$$q=Q_S=C_s u_S \tag{3.129}$$

式中，C_s——电压饱和电容器的电容。

因此，电压饱和电容器的控制方程可以表示为

$$\dot{q}=\begin{cases}\dot{Q}, & |q|<Q_S\\ 0, & |q|\geqslant Q_S\end{cases} \tag{3.130}$$

$$u=Sq \tag{3.131}$$

式中，S——倒电容，$S=\dfrac{1}{C}$，$S\in\mathbf{R}^+$。

在电压饱和电容器饱和前和饱和后，串联单元的电容分别为 $\dfrac{C_e C_s}{C_e+C_s}$ 和 C_e。

电畴电容的切换除了正切换，还可能存在负切换，即电压达到一定值后，电容减小。存在负电容切换电畴的电压-电荷特性如图 3.33 所示，施加的连续电荷变化量 δQ 具有一个饱和值 Q_S。在连续电荷变化量达到饱和值前，存储电荷 q 和施加电荷 Q 与施加的电压 u 成正比。一旦连续电荷变化量 δQ 达到饱和值 Q_S，电容切换为一个较小的值。当施加的电荷或电压 u 变化方向改变时，电容切换为原值。

具有负电容切换的电畴可以采用电荷饱和电容器和理想电容器的并联网络等效，如图 3.34 所示。电荷饱和电容器的电压-电荷特性也在图 3.33 中给出。施加到电荷饱和电容器上的电荷量存在一个饱和值 Q_S。在施加电

荷量 Q 达到饱和值 Q_S 之前，如果电压 u 没有改变变化方向，电荷饱和电容器存储电荷的变化率与施加电荷的变化率相等，且与施加电压的变化率成比例，即

$$\dot{q}=\dot{Q}=C\dot{u} \tag{3.132}$$

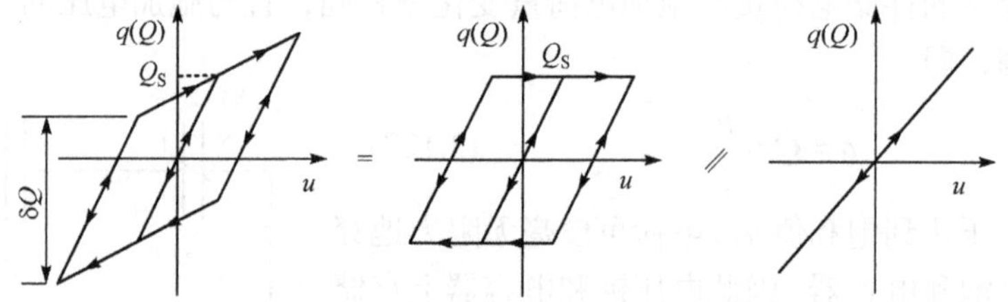

图 3.33　负电容切换电畴的电压-电荷特性

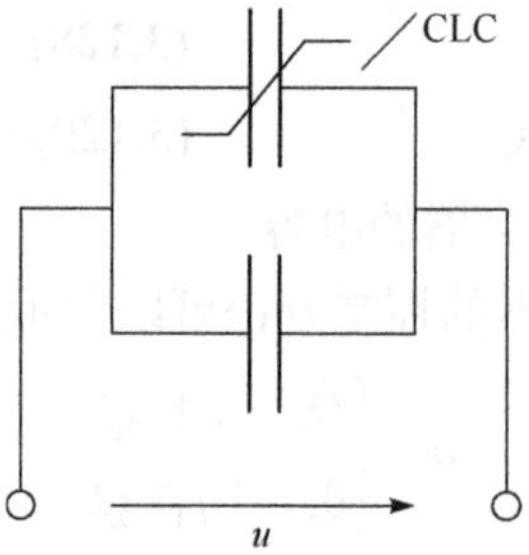

图 3.34　负电容切换电畴的等效电路

当施加电荷量 Q 达到饱和值 Q_S 时，电荷饱和电容器与理想绝缘体一样，电荷无法穿越，存储电荷量和施加电荷量维持在饱和电荷不变，即

$$q=Q=Q_S \tag{3.133}$$

因此，电荷饱和电容器的控制方程可以表示为

$$\dot{Q}=\begin{cases}C_s\dot{u}, & |Q|<Q_S\\ 0, & |Q|\geqslant Q_S\end{cases} \tag{3.134}$$

考虑负电容切换的电畴，压电陶瓷作动器的等效电路会变得比较复杂。幸运的是，电荷饱和电容器的并联网络可以用具有负电容的电压饱和电容器的串联网络等效。根据

$$C_I+C_C=\frac{C_sC_I}{C_s+C_I} \tag{3.135}$$

可以得到

$$C_s = -\frac{C_I^2}{C_C} - C_I \tag{3.136}$$

式中，C_I——理想电容器的电容；

C_C——电荷饱和电容器的电容；

C_s——电压饱和电容器的电容。

如果$C_I, C_C \in \mathbf{R}^+$，那么$C_s < 0$。因此，式(3.136)表明正电容的电荷饱和电容器与理想电容器的并联网络可以用负电容的电压饱和电容器与理想电容器的串联网络等效。因此，可以将电畴用串联网络一般化，其中，$S = \frac{1}{C} \in \mathbf{R}$。

压电陶瓷由许多电畴组成，可以等效为如图 3.35 所示的电路。因此，MRC 模块可以描述如下：

$$\dot{q}_i(t) = \begin{cases} \dot{q}(t), & u_i(t)\mathrm{sgn}(\dot{q}(t)) < u_{S,i} \\ 0, & u_i(t)\mathrm{sgn}(\dot{q}(t)) \geqslant u_{S,i} \end{cases} \tag{3.137}$$

$$q_i(t) = C_i u_i(t) \tag{3.138}$$

$$u_{\mathrm{MRC}}(t) = \sum_{i=1}^{n} u_i(t) \tag{3.139}$$

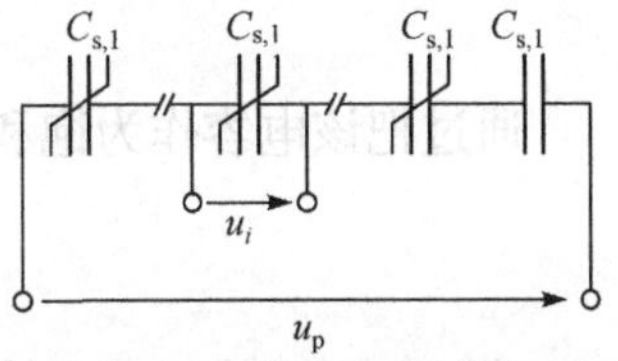

图 3.35　采用电压饱和电容器等效的压电陶瓷作动器等效电路图

式中，q_i——第i个电畴的表面电荷量；

u_i——第i个电畴的穿越电压；

$u_{S,i}$——第i个电压饱和电容器的饱和电压值；

C_i——第i个电压饱和电容器的饱和电容，$C_i = C_{s,i}$；

q——施加到压电陶瓷作动器的电荷量；

u_{MRC}——施加到压电陶瓷作动器的 MRC 模块的电压。

图 3.35 所示电路中最右端的电容器是所有理想电容器串联后的等效电容器，即

$$\frac{1}{C_{s,n+1}} = \sum_{i=1}^{n} \frac{1}{C_{e,i}} \tag{3.140}$$

实际上，它可以看作一个饱和电容无限大的电压饱和电容器，即

$$u_{S,n+1} = \infty \tag{3.141}$$

假设激励信号频率比较低，此时式(3.122)的导数项可以忽略，在不考虑外部作用力时，式(3.122)变为

$$kx(t) = F_T \tag{3.142}$$

根据式(3.123)～式(3.126)，可以得到

$$q = \left(C + \frac{T_q T_F}{k}\right) u_T = \left(\frac{Ck}{T_F} + T_q\right) x = T_e x \tag{3.143}$$

式中，$\frac{T_q T_F}{k}$——机械刚度 k 等效的电容值；

T_e——等效位移到电荷量的电-机转换系数，$T_e = \frac{Ck}{T_F} + T_q$。

这个方程代表了压电陶瓷的电容效应。

与图 3.35 对比可以得到

$$C_{s,n+1} = C + \frac{T_q T_F}{k} \tag{3.144}$$

通过把该电容作为饱和电容无穷大的电压饱和电容器，式(3.139)变为

$$u(t) = \sum_{i=1}^{n+1} u_i(t) \tag{3.145}$$

式(3.143)～式(3.145)的输入是压电陶瓷作动器的输入电压，输出为压电陶瓷作动器的输出位置，从实验系统获得的数据可以直接应用。因此，针对低频信号修正的麦克斯韦电阻电容模型可以表示为

$$\frac{\dot{q}_i(t)}{T_e} = \begin{cases} \dot{x}(t), & u_i(t)\operatorname{sgn}(\dot{q}(t)) < u_{S,i} \\ 0, & u_i(t)\operatorname{sgn}(\dot{q}(t)) \geqslant u_{S,i} \end{cases} \tag{3.146}$$

$$\frac{q_i(t)}{T_e} = \kappa_i u_i(t) \tag{3.147}$$

$$u(t) = \sum_{i=1}^{n+1} u_i(t) \tag{3.148}$$

式中，$\kappa_i = \frac{C_i}{T_e}$。在这个模型中，真实的转换系数并不需要确切知道，模型参数 κ_i 和 $u_{S,i}$ 可以通过压电陶瓷微纳米跟踪定位实验系统的输入-输出数据直接辨识获得。

上述模型可以在时间域进行离散化为

$$q_{i,k+1} = \begin{cases} \hat{q}_{i,k+1}, & |\hat{q}_{i,k+1}| < Q_{S,i} \\ Q_{S,i}\operatorname{sgn}(\hat{q}_{i,k+1}), & |\hat{q}_{i,k+1}| \geqslant Q_{S,i} \end{cases} \tag{3.149}$$

$$\hat{q}_{i,k+1}=u_{i,k}+Q_{k+1}-Q_k \tag{3.150}$$

$$u_{\mathrm{p},k+1}=\sum_{i=1}^{n}S_i q_{i,k+1} \tag{3.151}$$

式(3.149)为状态方程，更新状态 q_i。式(3.150)计算虚拟状态 $\hat{q}_i$。式(3.151)为输出方程，给出 u_p。

麦克斯韦电阻电容模型的前向算法和逆向算法如图 3.36 所示，对于前向算法，u_i 是输入电压，x 是输出。假设所有单元的排序满足 $Q_1<Q_2<\cdots<Q_n$，且第 k 个单元初始时饱和。为了获得输入电压增量 Δu 在各个单元的分布，首先对下一个(第 $k+1$ 个)单元的剩余饱和电压 $\Delta u_{\max}$ 进行计算。剩余饱和电压 $\Delta u_{\max}$ 表示一个单元也达到饱和所需要的输入电压再增加的量。如果 $|\Delta u|<|\Delta u_{\max}|$，那么没有单元进一步饱和，$\Delta u$ 直接根据电容值进行分布。否则，第 $k+1$ 个电压饱和电容器饱和，电压增量中只有 $\Delta u_{\max}$ 这一部分在这一步中得到分配，而剩余的电压增量需要根据第 $k+2$ 个电压饱和电容器是

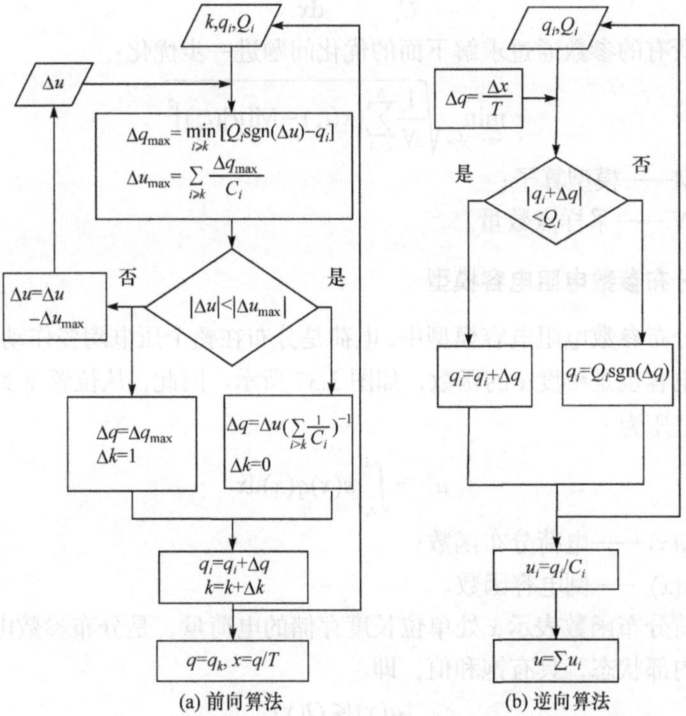

图 3.36　麦克斯韦电阻电容模型的前向算法和逆向算法

否饱和再进行分配计算。上述步骤迭代进行，直到剩余电压增量不能引起新的电压饱和电容器饱和。压电陶瓷的存储电荷与任意一个未饱和电压饱和电容器的电荷量相同，其位移与之成比例。

逆向算法相对比较简单，电荷量 q 作为输入，某个电压饱和电容器是否饱和可以直接得到。然后，每个电压饱和电容器的两端电压由计算得到，所有电压饱和电容器的电压之和即压电陶瓷作动器的总电压。

当进行参数辨识时，初始上升曲线首先采用多项式函数 $p(q)$ 进行拟合，然后区间 $[0,q_{\max}]$ 分割为 $n-1$ 等间距的区段，每段的长度为 $\delta q = q_{\max}/(n-1)$。由此可以得到每个单元的饱和电荷量 $Q_i = i\cdot\delta q$。初始参数采用如下公式进行计算：

$$\sum_{i=j}\frac{1}{C_i}\approx\frac{\mathrm{d}p}{\mathrm{d}x}\left[\left(j-\frac{1}{2}\right)\delta x\right],\quad j=1,2,\cdots,n-1 \tag{3.152}$$

$$\frac{1}{C_n}\approx\frac{\mathrm{d}p\left(q_{\max}\right)}{\mathrm{d}x} \tag{3.153}$$

然后，所有的参数通过求解下面的优化问题进一步优化：

$$\min_{C_1,C_2,\cdots,C_n}\sqrt{\frac{1}{N}\sum_{k=1}^{N}\left[x(t_k)-\mathrm{M}[u](t_k)\right]^2} \tag{3.154}$$

式中，M——模型算子；

N——采样点数量。

3.4.2 分布参数电阻电容模型

在分布参数电阻电容模型中，电荷是分布在整个压电陶瓷作动器中的，而且倒电容也是维度 x 的函数，如图 3.37 所示。因此，从位置 x_i 到位置 x_j 之间的电压为

$$u_{x_i}^{x_j}=\int_{x_i}^{x_j}s(x)q(x)\mathrm{d}x \tag{3.155}$$

式中，$q(x)$——电荷分布函数；

$s(x)$——倒电容函数。

电荷分布函数表示 x 处单位长度存储的电荷量，是分布参数电阻电容模型的内部状态，具有饱和值，即

$$|q(x)|\leqslant Q(x) \tag{3.156}$$

式中，$Q(x)$——饱和电荷函数，$Q(x)\geqslant 0$。

当电荷饱和时，即$|q(x)|\geqslant Q(x)$，电荷可以毫无阻力地通过位置x，如同超导体。倒电容函数$s(x)$表示x处单位长度的电容值。

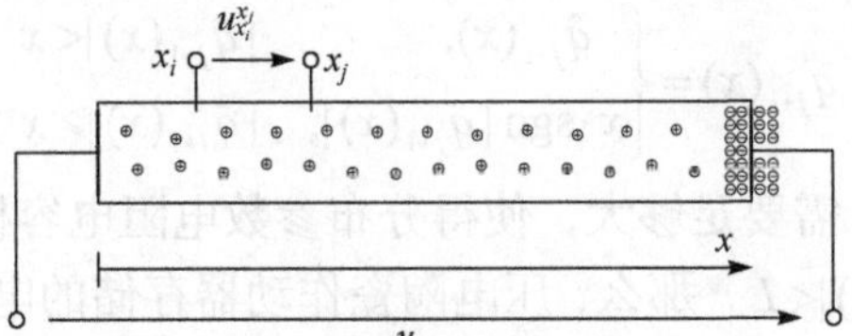

图 3.37　分布参数电阻电容模型示意图

结合上述分析，分布参数电阻电容模型的控制方程为

$$\dot{q}(x)=\begin{cases}\dot{q}_{\mathrm{p}}, & |q(x)|<Q(x)\\ 0, & |q(x)|\geqslant Q(x)\end{cases} \tag{3.157}$$

$$u=\int_0^L s(x)q(x)\mathrm{d}x \tag{3.158}$$

$$y=Tq_{\mathrm{p}} \tag{3.159}$$

式中，L——特征长度。

为了避免计算的奇异，存在位置x_{p}，在x_{p}处，饱和电荷量$Q(x_{\mathrm{p}})$足够大且永远不会饱和。因此，压电陶瓷作动器存储的电荷量与位置x_{p}的电荷量相同，即$q_{\mathrm{p}}=q(x_{\mathrm{p}})$。那么，输出方程(3.159)改写为

$$y=Tq(x_{\mathrm{p}}) \tag{3.160}$$

上述模型在时间域进行离散化，得到

$$q_{j+1}(x)=\begin{cases}\hat{q}_{j+1}(x), & |\hat{q}_{j+1}(x)|<Q(x)\\ Q(x)\mathrm{sgn}(\hat{q}_{j+1}(x)), & |\hat{q}_{j+1}(x)|\geqslant Q(x)\end{cases} \tag{3.161}$$

$$\hat{q}_{j+1}(x)=q_j(x)+q_{\mathrm{p},j+1}-q_{\mathrm{p},j} \tag{3.162}$$

$$u_{j+1}=\int_0^L s(x)q_{j+1}(x)\mathrm{d}x \tag{3.163}$$

$$y_{j+1}=Tq_{j+1}(x_{\mathrm{p}}) \tag{3.164}$$

不失一般性，认为机-电转换系数为单位值，即$T=1\mathrm{C/m}$。分布参数电阻电容模型的输入电压和输出电荷量之间的特性取决于两个函数，即倒电容函数$s(x)$和饱和电荷函数$Q(x)$。为了降低参数辨识的难度，假设饱和电容函数$Q(x)$满足

$$Q(x) = x \tag{3.165}$$

此时，状态更新方程(3.161)改写为

$$q_{j+1}(x) = \begin{cases} \hat{q}_{j+1}(x), & |\hat{q}_{j+1}(x)| < x \\ x \cdot \text{sgn}\,|\hat{q}_{j+1}(x)|, & |\hat{q}_{j+1}(x)| \geqslant x \end{cases} \tag{3.166}$$

其中，特征长度L需要足够大，使得分布参数电阻电容模型在位置L处永远不饱和，即$|q(L)| < L$。那么，压电陶瓷作动器存储的电荷与位置$x = L$处的电荷永远相等，即$q_{\text{p}} = q(L)$。

由于输入的大小是有限的，因此饱和区域也是有限的。假设区域$[0, x_{\text{d}}]$为活跃区域(存在饱和情况的区域)。另一区域$(x_{\text{d}}, L]$为不活跃区域，在输入不超出最大电压时，从来不饱和。那么，穿越分布参数电阻电容模型的电压可以表示为

$$u_{j+1} = \int_0^{x_{\text{d}}} s(x) q_{j+1}(x) \text{d}x + S_{\text{e}} q(L) \tag{3.167}$$

式中，S_{e}——区域$(x_{\text{d}}, L]$的等效倒电容，

$$S_{\text{e}} = \int_{x_{\text{d}}}^{L} s(x) \text{d}x \tag{3.168}$$

由于区域$(x_{\text{d}}, L]$从来不饱和，因此无法辨识这个区域的倒电容函数$s(x)$，但是可以直接辨识这个区域的等效倒电容。

分布参数电阻电容模型可以通过有限点逼近连续函数来进行空间离散化，即选取$0 = x_0 < x_1 < x_2 < \cdots < x_n = x_{\text{d}}$，获得$q(x_i)$、$s(x_i)$和$Q(x_i)$。离散后的控制方程为

$$q_{j+1}(x_i) = \begin{cases} \hat{q}_{j+1}(x_i), & |\hat{q}_{j+1}(x_i)| < x_i \\ x_i \cdot \text{sgn}\,|\hat{q}_{j+1}(x_i)|, & |\hat{q}_{j+1}(x_i)| \geqslant x_i \end{cases} \tag{3.169}$$

$$\hat{q}_{j+1}(x_i) = q_j(x_i) + q_{j+1}(L) - q_j(L) \tag{3.170}$$

$$u_{j+1} = \sum_{i=1}^{n} \frac{(x_i - x_{i-1})}{2} [s(x_{i-1}) q_{j+1}(x_{i-1}) + s(x_i) q_{j+1}(x_i)] + S_{\text{e}} q_{j+1}(L) \tag{3.171}$$

$$d_{j+1} = T q_{j+1}(L) \tag{3.172}$$

分布参数电阻电容模型的参数辨识与分布参数麦克斯韦模型类似，可以从初始上升曲线获得初始参数，然后优化得到最优参数。这里简要说明如下。

在零初始内部状态 $q_0(x)=0$ 和递增电压 $\dot{u}>0$ 作用下，如果 $x_1<x_2$，那么位置 x_1 先于 x_2 饱和。期望电荷 q_p 对应的最大饱和位置记为 x_s。那么，式 (3.167)中的压电陶瓷作动器穿越电压可以进一步表示为

$$u_{j+1}=\int_0^{x_s}s(x)x\mathrm{d}x+q_p\int_{x_s}^{x_d}s(x)\mathrm{d}x+S_e q_p \tag{3.173}$$

在位置 (q_p,u) 处初始上升曲线的斜率可以表示为

$$S_p(x_s)=\frac{\partial u}{\partial q_p}=\int_{x_s}^{x_d}s(x)\mathrm{d}x+S_e \tag{3.174}$$

结合式(3.109)，如果 $q_p=x_s$，位置 x_s 处饱和，那么上述方程表示为

$$S_p(q_p)=-\int_0^{q_p}s(x)\mathrm{d}x+\overline{S}_e \tag{3.175}$$

式中，

$$\overline{S}_e=S_e+\int_0^{x_d}s(x)\mathrm{d}x \tag{3.176}$$

进一步可以得到

$$s(q_p)=\frac{\partial S_p(q_p)}{\partial q_p} \tag{3.177}$$

式(3.175)的左侧项 $S_p(q_p)$ 可以从实验数据得到，右侧项的倒电容函数 $s(x)$ 的表达式可以事先确定，倒电容函数的参数和等效倒电容 $\overline{S}_e$ 通过求解优化问题得到

$$\min_{\boldsymbol{\alpha},\overline{S}_e}\sqrt{\frac{1}{N_{\mathrm{IniA}}}\sum_{i=1}^{N_{\mathrm{IniA}}}\left[S_p(q_{p,i})+\int_0^{q_{p,i}}s(x)\mathrm{d}x-\overline{S}_e\right]^2} \tag{3.178}$$

式中，N_{IniA}——初始上升曲线的样点数量；

$\boldsymbol{\alpha}$——倒电容函数 $S(q_p)$ 的参数向量。

上述得到的参数作为初始参数，进一步通过求解下面的优化问题进行优化：

$$\min_{\boldsymbol{\alpha},\overline{S}_e}\sqrt{\frac{1}{N_H}\sum_{i=1}^{N_H}\left[u_p-\mathrm{DPSC}[\boldsymbol{\alpha},\overline{S}_e](y_p)\right]^2} \tag{3.179}$$

式中，N_H——用于参数辨识的迟滞环的样点数量；

DPSC——分布参数电阻电容模型仿真模型。

第 4 章　蠕变非线性及动态效应建模

正如第 2 章分析，压电陶瓷作动器的蠕变是压电陶瓷作动器响应输入电压后在输出位移上的缓慢爬行现象，是压电陶瓷作动器分数阶动力学行为的一种表现；而动态效应是由压电陶瓷作动器的机械部分、位移传感器和驱动控制器等的动力学引起的。在进行压电陶瓷作动器建模时，可以将它们和迟滞非线性分开建模，然后再进行综合。本章给出分数阶蠕变模型，并结合第 3 章的迟滞建模，给出压电陶瓷作动器模型。

4.1　分数阶蠕变模型

4.1.1　分数阶系统

具有分数阶动力学行为的系统的微分方程可以描述为[80,81]

$$\sum_{i=1}^{n_a} a_i y^{(\alpha_i)}(t) = \sum_{j=1}^{n_b} b_j u^{(\beta_j)}(t) + u(t) \tag{4.1}$$

其中，阶次 $\alpha_i (i=1,2,\cdots,n_a)$ 、 $\beta_i (i=1,2,\cdots,n_b)$ 为非整数非负常数，满足

$$\alpha_1 < \alpha_2 < \cdots < \alpha_{n_a} \tag{4.2}$$

$$\beta_1 < \beta_2 < \cdots < \beta_{n_b} \tag{4.3}$$

变量 $y(t)$ 的 α 阶分数阶微分的 Grünwald-Letnikov 定义[51]为

$$y^{(\alpha)}(t) := {}_{t_0}D_t^{\alpha} y(t) = \lim_{h\to 0} h^{-\alpha} \sum_{j=0}^{[(t-t_0)/h]} c_j^{(\alpha)} y(t-jh) \tag{4.4}$$

其中，$\left[(t-t_0)/h\right]$ 表示取整；

$$c_j^{(\alpha)} = (-1)^j \begin{bmatrix} \alpha \\ j \end{bmatrix} = \left(1 - \frac{1+\alpha}{j}\right) c_{j-1}^{(\alpha)}, \quad c_0^{(\alpha)} = 1 \tag{4.5}$$

假设采样间隔为 h，初始时间为 $t_0 = 0$，$y(t)$ 在时刻 $t = t_k = kh$ 的 α 阶分

数阶微分近似为

$$y_k^{(\alpha)} \approx h^{-\alpha} \sum_{j=0}^{k} c_j^{(\alpha)} y_{k-j} \tag{4.6}$$

变量 $y(t)$ 的 α 阶分数阶微分的拉普拉斯变换为[51]

$$\mathcal{L}\left[y^{(\alpha)}(t) \right] = s^{\alpha} Y(s), \quad y(t) = 0, \forall t < 0 \tag{4.7}$$

在初始时刻 $t=0$，$u(t)$ 和 $y(t)$ 为松弛的条件下，分数阶动力学方程(4.4)可以表示为传递函数的形式：

$$G(s) = \frac{N(s)}{D(s)} = \frac{1 + \sum_{i=1}^{n_b} b_i s^{\beta_i}}{\sum_{i=1}^{n_a} a_i s^{\alpha_i}} \tag{4.8}$$

4.1.2 阻容元件与分数阶蠕变

由于迟滞和蠕变可以分开建模，在进行分数阶蠕变建模时，先不考虑迟滞非线性的影响。

从物理原理上，蠕变可以认为是由逐渐褪极化引起的。正如前面所述，当外加电场突然变化时，产生两种效应：电畴的变形和旋转。电畴的变形或旋转造成机械应变的同时，也会产生应力。应力的逐步释放，会导致变形的进一步增加。因此，压电陶瓷的输出位移也会缓慢变化，即在压电陶瓷输出位移快速响应外电场变化后，还表现出爬行现象。但是，当采用电荷驱动时，由于外界电荷不变，并不需要压电陶瓷通过进一步变形在表面生成更多电荷来平衡外电场，因而，采用电荷驱动可以明显减小蠕变和迟滞现象[9,62]。

应力的释放是缓慢的过程，由记忆效应引起，可以通过分数阶系统进行适当的描述[51]。实际上，介电材料并非是理想的电阻或者电容，它们本身就具有分数阶特性，其分数阶阻抗为$1/[(\mathrm{j}\omega)^{\alpha} C_F]$，其中$\alpha \in \mathbf{R}^+$[49,50]。在文献[52]中，为描述蠕变现象，压电陶瓷被建模为阻容元件——一种电压-电荷特性介于理想电阻器和理想电容器之间的元件[82]。这里，蠕变现象被描述为一个分数阶系统，其特征方程为[51,52,82]

$${}_{t_0}D_t^{\alpha} q(t) = Ku(t), \quad 0 \leqslant \alpha \leqslant 1 \tag{4.9}$$

其中，当$\alpha=1$时，$K=G$，阻容元件为理想电导(电阻)；当$\alpha=0$时，$K=C$，阻容元件为理想电容器。如果压电陶瓷在$t=0$时刻处于松弛状态，输入电荷q和驱动电压u之间的关系表示在s域为

$$\frac{Q(s)}{U(s)}=\frac{K}{s^{\alpha}} \tag{4.10}$$

电荷量$q(t)$和输出位移$y(t)$通过两阶动力学来描述，如图4.1所示[7]。

$$m\ddot{y}(t)+c\dot{y}(t)+ky(t)=F_{\mathrm{p}}+F_{\mathrm{EXT}} \tag{4.11}$$

$$F_{\mathrm{p}}=Tq(t) \tag{4.12}$$

式中，m——等效质量；

c——等效阻尼系数；

k——等效弹簧刚度；

T——机-电转换系数；

F_{EXT}——外部作用力。

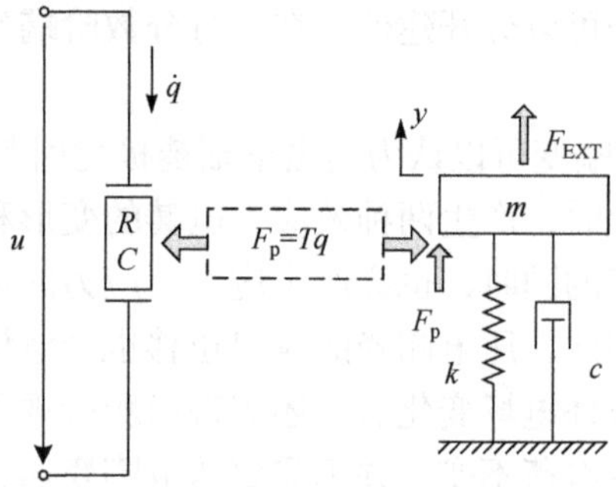

图4.1　压电陶瓷的阻容模型

当外部作用力为零时，即$F_{\mathrm{EXT}}=0$，对式(4.11)进行拉普拉斯变换，可以得到

$$G(s)=\frac{Y(s)}{U(s)}=\frac{b}{s^{\alpha}(1+a_1 s+a_2 s^2)} \tag{4.13}$$

其中，$a_1=c/k$、$a_2=m/k$和$b=TK/k$。

在前面对压电陶瓷作动器的阶跃响应分析中给出，自阶跃信号施加的几毫秒内，压电陶瓷作动器的响应耦合了机械的响应，然后跟着一个比较缓慢的爬行现象。考虑到

$$\lim_{s\to 0} G(s) = \frac{b}{s^{\alpha}} \tag{4.14}$$

压电陶瓷作动器在足够长的时刻 t 后的响应可以用分数阶积分进行近似。实际上，机械部分的响应十分迅速，在几毫秒就可以认为达到了稳定，可以予以忽略。用 t_{c} 表示机械响应可以忽略的起始时间，可以得到

$$G(s) = \frac{b}{s^{\alpha}}, \quad t \geqslant t_{\mathrm{c}} \tag{4.15}$$

对于阶跃输入 $U(s) = \frac{1}{s}$，t_{c} 时刻后的输出位移可以近似为

$$y(t)\big|_{t \geqslant t_{\mathrm{c}}} = \mathcal{L}^{-1}[G(s)U(s)] = \frac{bt^{\alpha}}{\alpha\Gamma(\alpha)} \tag{4.16}$$

其中，$\Gamma(\alpha)$ 表示伽马函数。这表明，压电陶瓷作动器在 t_{c} 时刻后的输出位移可以描述为幂律函数(power-law function)。因此，蠕变实际上是一种幂律现象。式(4.16)可以进一步写为

$$\lg y(t)\big|_{t \geqslant t_{\mathrm{c}}} = \alpha \lg t + \lg \frac{b}{\alpha\Gamma(\alpha)} \tag{4.17}$$

即输出位移的对数值与时间的对数值之间为线性关系，这种类型的蠕变称为双对数蠕变(double-logarithmic creep)。

注：从式(4.16)和式(4.17)中可以看出，分数阶次表征了蠕变的速率，分数阶次越小，蠕变越缓慢。

4.1.3　分数阶蠕变参数辨识

假设初始时刻处于松弛状态，压电陶瓷作动器由以下参数控制：

$$\mathcal{J} = \begin{bmatrix} a_1 & a_2 & b & \alpha \end{bmatrix}^{\mathrm{T}} \tag{4.18}$$

这些参数可以通过输出误差算法(output-error algorithm)[83-85]进行辨识。

观测到的输入-输出数据为 $u(t)$ 和 $y^{*}(t) = y(t) + \delta(t)$，其中，$\delta(t)$ 表示误差信号；采样时间点为 $t_1, t_2, \cdots, t_k$。参数向量 $\boldsymbol{\vartheta}$ 的估计值 $\hat{\boldsymbol{\vartheta}}$ 通过最小化误差的二范数得到

$$\mathcal{J}(\hat{\boldsymbol{\vartheta}}) = \boldsymbol{e}^{\mathrm{T}}\boldsymbol{e} \tag{4.19}$$

式中，$\boldsymbol{e}$——模型的预测误差向量：

$$\boldsymbol{e}=\begin{bmatrix} e_1 & e_2 & \cdots & e_k \end{bmatrix}^{\mathrm{T}} \tag{4.20}$$

$$\boldsymbol{e}(t,\hat{\boldsymbol{\vartheta}})=y^*(t)-\hat{y}(t,\hat{\boldsymbol{\vartheta}}) \tag{4.21}$$

由于输出的预测值 $\hat{y}(t,\hat{\boldsymbol{\vartheta}})$ 关于参数 $\hat{\boldsymbol{\vartheta}}$ 是非线性的，因此采用非线性 Marquardt 算法[86]来迭代估计参数 $\hat{\boldsymbol{\vartheta}}$：

$$\hat{\boldsymbol{\vartheta}}_{i+1}=\hat{\boldsymbol{\vartheta}}_i-\left\{\left[\mathcal{J}''+\zeta \boldsymbol{I}\right]^{-1}\mathcal{J}'\right\}_{\boldsymbol{\vartheta}=\hat{\boldsymbol{\vartheta}}_i} \tag{4.22}$$

式中，ζ —— 一个监视变量。

$$\mathcal{J}'=\frac{\partial \mathcal{J}}{\partial \hat{\boldsymbol{\vartheta}}}=-2\boldsymbol{S}^{\mathrm{T}}(t,\hat{\boldsymbol{\vartheta}})\boldsymbol{e} \tag{4.23}$$

$$\mathcal{J}''=\frac{\partial \mathcal{J}'}{\partial \hat{\boldsymbol{\vartheta}}^{\mathrm{T}}}\approx 2\boldsymbol{S}^{\mathrm{T}}(t,\hat{\boldsymbol{\vartheta}})\boldsymbol{S}(t,\hat{\boldsymbol{\vartheta}}) \tag{4.24}$$

$$S(t,\hat{\boldsymbol{\vartheta}})=\frac{\partial \hat{y}(t,\hat{\boldsymbol{\vartheta}})}{\partial \hat{\boldsymbol{\vartheta}}^{\mathrm{T}}} \tag{4.25}$$

输出对参数的灵敏度 $S(t,\hat{\boldsymbol{\vartheta}})$ 通过式(4.26)计算：

$$\frac{\partial \hat{y}(t,\boldsymbol{\vartheta})}{\partial \hat{\boldsymbol{\vartheta}}^{\mathrm{T}}}=\mathcal{L}^{-1}\left[\left.\frac{\partial G(s)}{\partial \boldsymbol{\vartheta}}\right|_{\boldsymbol{\vartheta}=\hat{\boldsymbol{\vartheta}}}\right]\otimes u(t) \tag{4.26}$$

其中，$\otimes$ 表示卷积运算，

$$\frac{\partial G(s)}{\partial a_1}=-\frac{s^{\alpha+2}}{b}G^2(s) \tag{4.27}$$

$$\frac{\partial G(s)}{\partial a_2}=-\frac{s^{\alpha+1}}{b}G^2(s) \tag{4.28}$$

$$\frac{\partial G(s)}{\partial b}=\frac{1}{b}G(s) \tag{4.29}$$

$$\frac{\partial G(s)}{\partial \alpha}=-\ln s\cdot G(s) \tag{4.30}$$

输出误差辨识算法消耗较长的时间。其原因在于机械部分的响应频率达到上千赫兹，因此采样时间需要足够小，如小于 0.1ms。但是，蠕变现象是一个长周期现象，数据需要进行长周期采集，如大于数十秒。因而，采集的数据量会非常大。另外，由于记忆效应，分数阶系统的计算本身就特别耗费时间。

实际上，在模型(4.13)中，只有积分器是分数阶的，蠕变现象和机械振

动的表征具有两个不同时间尺度。因此，分数阶阶次α和系数a_1、a_2与b的辨识可以分开进行。考虑到上述因素，提出了一种双层辨识算法。在这种算法中，首先，分数阶阶次通过双对数蠕变模型(4.17)进行辨识；然后，系数a_1、a_2和b通过式(4.13)的离散回归模型进行辨识，具体如下。

首先，分数阶阶次α和增益b通过最小二乘算法从式(4.17)进行估计，或者是如下回归模型：

$$\eta = \boldsymbol{\phi}\boldsymbol{\theta} \tag{4.31}$$

式中，

$$\eta = \lg y(t) \tag{4.32}$$

$$\boldsymbol{\phi} = [\lg t, 1] \tag{4.33}$$

$$\boldsymbol{\theta} = \left[\alpha, \lg\frac{b}{\alpha\Gamma(\alpha)}\right]^{\mathrm{T}} \tag{4.34}$$

在这个阶段，利用$t \geqslant t_c$之后的数据，并且可以采用一个较低的采样频率进行长周期采样。

然后，参数a_1、a_2和b通过最小二乘算法从式(4.13)离散的回归模型估计：

$$y_k = \bar{a}_1 y_{k-1} + \bar{a}_2 y_{k-2} + \bar{b}\tilde{u}_k \tag{4.35}$$

式中，

$$\bar{a}_1 = \frac{2a_1 + a_2 h}{a_1 + a_2 h + h^2} \tag{4.36}$$

$$\bar{a}_2 = -\frac{a_1}{a_1 + a_2 h + h^2} \tag{4.37}$$

$$\bar{b} = \frac{bh^2}{a_1 + a_2 h + h^2} \tag{4.38}$$

$$\tilde{u}_k = u_k^{(\alpha)} \tag{4.39}$$

因此，参数估计为

$$\begin{bmatrix} \hat{a}_1 \\ \hat{a}_2 \\ \hat{b} \end{bmatrix} = -\frac{1}{h^2}\begin{bmatrix} \bar{a}_1 - 2 & (\bar{a}_1 - 1)h & 0 \\ \bar{a}_2 + 1 & \bar{a}_2 h & 0 \\ \bar{b} & \bar{b}h & -h^2 \end{bmatrix}^{-1}\begin{bmatrix} \bar{a}_1 \\ \bar{a}_2 \\ \bar{b} \end{bmatrix} \tag{4.40}$$

实际上参数b已经在第一步中估计得到了。利用这一信息，只需估计$\hat{a}_1$和$\hat{a}_2$：

$$\begin{bmatrix}\hat{a}_1\\ \hat{a}_2\end{bmatrix}=-\frac{1}{h^2}(\boldsymbol{A}^{\mathrm{T}}\boldsymbol{A})^{-1}\boldsymbol{A}^{\mathrm{T}}\begin{bmatrix}\overline{a}_1\\ \overline{a}_2\\ \overline{b}+b\end{bmatrix} \tag{4.41}$$

式中，

$$\boldsymbol{A}=\begin{bmatrix}\overline{a}_1-2 & (\overline{a}_1-1)h\\ \overline{a}_2+1 & \overline{a}_2 h\\ \overline{b} & \overline{b}h\end{bmatrix} \tag{4.42}$$

在这一步中，从施加阶跃信号开始采集数据，采用较小的采样步长进行短周期采样。

考虑到温度效应，系统的参数是时变的。但是，上述算法中参数辨识的过程使数据采集的过程不一致，导致很难进行参数的在线辨识。

然而，如果对于分数阶阶次α具有足够精确的先验信息，参数辨识的顺序可以进行颠倒：①利用先验的分数阶阶次α，通过式(4.35)估计参数a_1、a_2和b；②利用式(4.31)更新分数阶阶次α。

定理 4.1　假设分数阶阶次α存在误差$\delta\alpha$，如果$|y(t,\vartheta)|=k\int_0^t|\dot{y}(\tau,\vartheta)|\,\mathrm{d}\tau$成立，那么

$$\exists S \ni \left|\frac{\delta y(t,\vartheta)}{y(t,\vartheta)}\right|<\varepsilon,\quad \forall\varepsilon>0, t\in S, y(t,\vartheta)\neq 0$$

式中，

$$\delta y(t,\vartheta)=\frac{\partial y(t,\vartheta)}{\partial\alpha}\delta\alpha$$

证明：注意到

$$\dot{y}(t,\vartheta)=\mathcal{L}^{-1}\left[sG(s)\right]\otimes u(t)$$

利用式(4.26)和式(4.30)可以得到

$$\delta y(t,\vartheta)=\delta\alpha\mathcal{L}^{-1}\left[-\frac{\ln s}{s}\right]\otimes\dot{y}(t,\vartheta)=\delta\alpha\int_0^t(\ln t+\gamma)\cdot\dot{y}(t-\tau,\vartheta)\,\mathrm{d}\tau$$

式中，γ——欧拉常数。

因此，有

$$\begin{aligned}|\delta y(t,\vartheta)| &< |\delta\alpha|\cdot\int_0^t |\ln t+\gamma|\cdot|\dot{y}(t-\tau,\vartheta)|\mathrm{d}\tau \\ &< |\delta\alpha|\cdot\max_{t\in S}|\ln t+\gamma|\cdot\int_0^t|\dot{y}(\tau,\vartheta)|\mathrm{d}\tau \\ &= |\delta\alpha|\cdot\max_{t\in S}|\ln t+\gamma|\cdot\frac{|y(t,\vartheta)|}{k}\end{aligned}$$

记

$$t_1=\exp\left(-\frac{k\varepsilon}{|\delta\alpha|}-\gamma\right)$$

$$t_2=\exp\left(\frac{k\varepsilon}{|\delta\alpha|}-\gamma\right)$$

那么 $S=(t_1,t_2)$ 满足

$$\left|\frac{\delta y(t,\vartheta)}{y(t,\vartheta)}\right|<\varepsilon,\quad t\in S$$

上述定理得证。

备注 4.1　根据 Taylor 定理，$\delta y(t,\vartheta)$ 代表分数阶阶次的摄动 $\delta\alpha$ 造成的 $y(t,\vartheta)$ 的一阶摄动项。在实际的压电陶瓷作动器的定位系统中，参数 k 小于但十分接近 1。因此，定理 4.1 的物理解释如下：即使在分数阶阶次上存在不确定性，通过选择合适的区间，这一不确定性造成的压电陶瓷输出的不确定度小于给定的值。区间 S 通过期望的精度 ε、初始的分数阶阶次 α 及其不确定度 $\delta\alpha$ 确定。实际上，压电陶瓷的分数阶阶次很小，在 0.01 附近；而它的不确定度更小，$\delta\alpha<0.001$。因此，如果对精度要求不是十分苛刻，如 $\varepsilon=1\%$，那么可供选择的区间很多。这种情况下，$S=\left[2.5\times10^{-5},1.2\times10^{4}\right]\mathrm{s}$。一种合理的区间选择为 $S=\left[2.5\times10^{-5},0.2\right]\mathrm{s}$。如果 $\varepsilon=0.1\%$，一种可行的选择为 $S=[0.21,1.5]\mathrm{s}$。然而，在该区间压电陶瓷作动器的机械振动响应可以认为已经达到了稳定，对参数的估计可能出现奇异。因此，区间应当仔细考虑和选择，同时考虑参数估计算法和模型的精度。

备注 4.2　上面的算法表明，分数阶阶次 α 的估计可以独立于系数 a_1、

a_2和b。但对于系数的估计，必须考虑分数阶阶次的影响，或者需要获得分数阶阶次的先验知识。

式(4.31)给出的回归模型是针对阶跃信号输入的，在系统的输入不是阶跃信号时不适合于在线应用。这种情况下，输出误差估计算法可以用来估计分数阶阶次。逆序双层参数辨识算法汇总如图 4.2 所示。

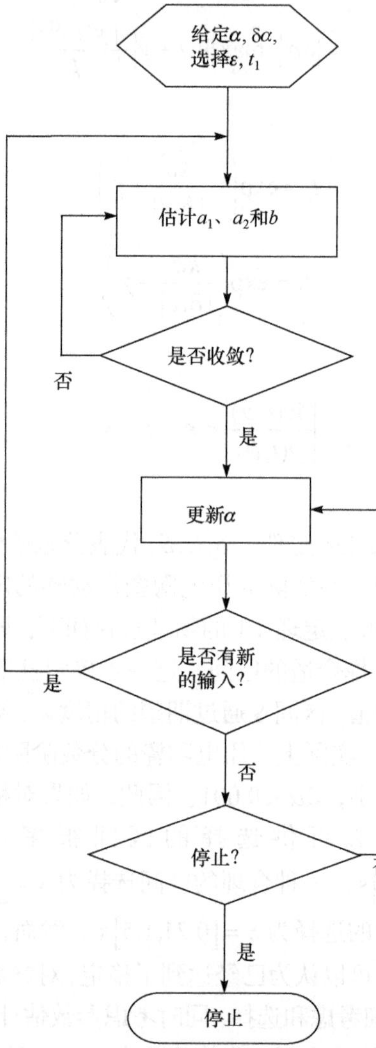

图 4.2　逆序双层参数辨识算法流程图

4.1.4　仿真实例分析

为获得模型辨识所需的参数，幅值为 0.8V 的阶跃信号施加到压电陶瓷作动器。输出的位移通过电容传感器进行采集，采样速率为 100kHz，采用 0～30s 的数据来辨识模型参数。为了避免迟滞导致的幅值相关增益的影响，这里采用 2.2.1 节的方法对输出位移进行正则化处理：利用输入电压幅值求出增益后，利用 0.5s 的增益对增益进行正则化。以下所示数据均为正则化后的结果。

首先，采用输出误差算法辨识压电陶瓷分数阶蠕变模型。得到的传递函数 M_1 如下：

$$G_{M_1}(s)=\frac{1}{s^{0.01307}(2.1221\times10^{-7}s^2+6.6526\times10^{-4}s+1)} \tag{4.43}$$

然后，采用双层辨识算法辨识得到压电陶瓷的分数阶蠕变模型，传递函数 M_2 如下：

$$G_{M_2}(s)=\frac{1}{s^{0.01312}(1.0065\times10^{-7}s^2+8.2018\times10^{-4}s+1)} \tag{4.44}$$

其中，时间区间 $[0.1,30]$s 的数据用来估计分数阶阶次，而时间区间 $[0,2]$s 的数据用于估计系数。获得的结果与输出误差辨识算法十分接近。最后，采用逆序双层辨识算法进行压电陶瓷分数阶蠕变模型参数辨识。初始分数阶阶次假设为 0.01，即存在误差 $\delta\alpha\approx0.003$。设置 $\varepsilon=3\%$，根据定理 4.1，数据区间为 $S=\left[2.5\times10^{-5},1.24\times10^{4}\right]$s。辨识系数 a_1、a_2 和 b 采用的数据区间为 $[0,3\times10^{-5}\text{s}]$。在系数辨识收敛后，进一步更新分数阶阶次，时间步长为 $h=0.1\text{s}$。由于机械响应的频率很高，在对分数阶阶次辨识中予以忽略，即模型变为 $G(s)=b/s^{\alpha}$。最终获得的传递函数 M_3 为

$$G_{M_3}(s)=\frac{1}{s^{0.012044}(7.5870\times10^{-8}s^2+8.0276\times10^{-4}s+1)} \tag{4.45}$$

正如式(4.16)和式(4.17)中所示分数阶积分的阶次表征蠕变的速率。因此，传递函数 G_{M_1}、G_{M_2} 和 G_{M_3} 中较小的分数阶阶次意味着压电陶瓷蠕变缓慢。

上述辨识得到的三个模型采用幅值为 1V 的阶跃响应的数据进行验证，实验得到的模型拟合结果如图 4.3～图 4.5 所示。其中，对 0～0.02s 的

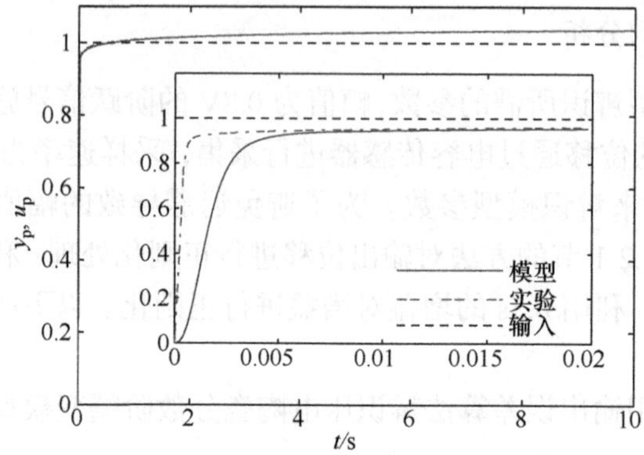

图 4.3　模型 M_1 拟合结果

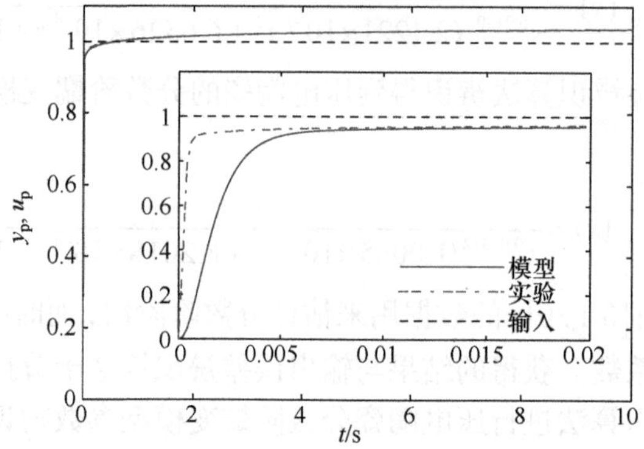

图 4.4　模型 M_2 拟合结果

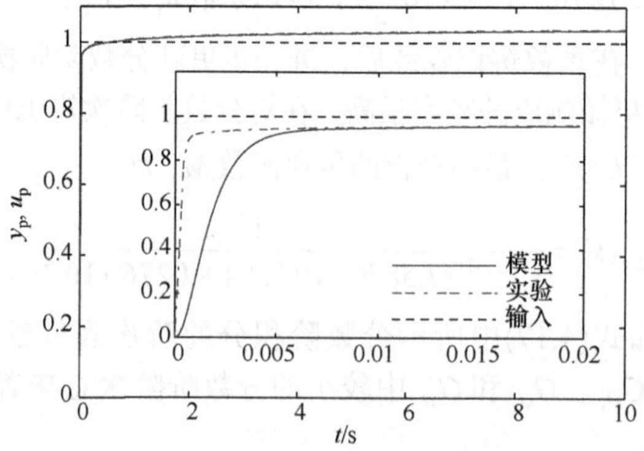

图 4.5　模型 M_3 拟合结果

图形进行了局部放大。整体上看，三个模型对实验结果都匹配得很好，而且极为相似。上述结果表明，压电陶瓷作动器建模为阻容元件和一个具有二阶动力学机械部分是可行的。特别是，蠕变现象可以建模为分数阶积分器，或者等效地建模为双对数模型。图 4.4 和图 4.5 结果的相似性表明，在对分数阶阶次有先验知识的条件下，可以进行分数阶阶次的辨识，而且分数阶阶次的辨识可以分开独立于系数进行。因此，逆序辨识算法更加容易和方便在线运行。

4.1.5　分数阶蠕变的频域辨识

正如前面所描述的，蠕变导致压电陶瓷的低频响应具有小于一阶的增益衰减(<–20dB/dec)。低频段，不同幅值信号的频率响应如图 4.6 所示。可以看出，幅频曲线基本上是线性的，可以采用线性回归：

$$M(A,f)=a(A)\lg(f)+k(A) \tag{4.46}$$

式中，A——激励信号的幅值；

f——激励信号的频率；

M——增益；

a，k——回归参数。

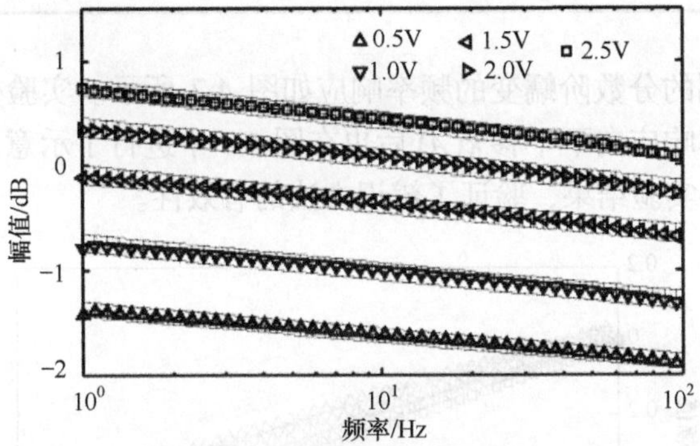

图 4.6　压电陶瓷的幅频响应

在图 4.6 中也给出 99.7%置信域，结果表明增益与频率的对数值之间具有很好的线性关系。拟合的结果在表 4.1 中给出。同时，上述结果也表明，压电陶瓷的频率响应是幅值相关的，这在前面也进行了阐述，主要是由迟滞现象造成的。但是，增益曲线的斜率 a 和幅值 A 的关系与静态增益 k 和

幅值 A 的关系是不同的。常值增益与幅值强耦合，而增益曲线的斜率几乎与幅值无关，只是随频率递减。这种差别表明，两种特性可以分开处理。前面分析也给出，幅值相关的常值增益特性可以通过迟滞现象建模。

如表 4.1 所示，增益曲线的斜率在–0.3dB/dec 附近，比一阶系统的–20dB/dec 小很多。这表明，这样的增益曲线很难通过线性系统进行近似。而分数阶积分 $1/s^{\alpha}$ 的增益曲线具有 $-\alpha \cdot 20\text{dB}/\text{dec}$ 的斜率[82]。因此，分数阶积分可以用来描述蠕变导致的增益曲线的变化

$$y(t) = 10^{k(A)/20} I^{\alpha} u(t) \tag{4.47}$$

式中，u——激励电压；

y——输出位移。

根据拟合结果，分数阶阶次 α 由解算得到并在表 4.1 中给出。分数阶阶次的平均值为 -0.01433。

表 4.1 拟合和辨识的结果

A/V	0.5	1.0	1.5	2.0	2.5
a/(dB/dec)	−0.2504	−0.2779	−0.2861	−0.3007	−0.3178
k/dB	−1.3733	−0.7356	−0.0830	0.3689	0.7462
α	−0.01252	−0.01390	−0.01431	−0.01504	−0.01569
增益标准差/dB	0.0142	00170	0.0188	0.0208	0.0229

辨识得到的分数阶蠕变的频率响应如图 4.7 所示。实验得到的不同输入电压的频率响应向下平移 $k(A)$ 后也在图 4.7 中进行了示意。辨识的结果很好地拟合了实验结果，验证了辨识方法的有效性。

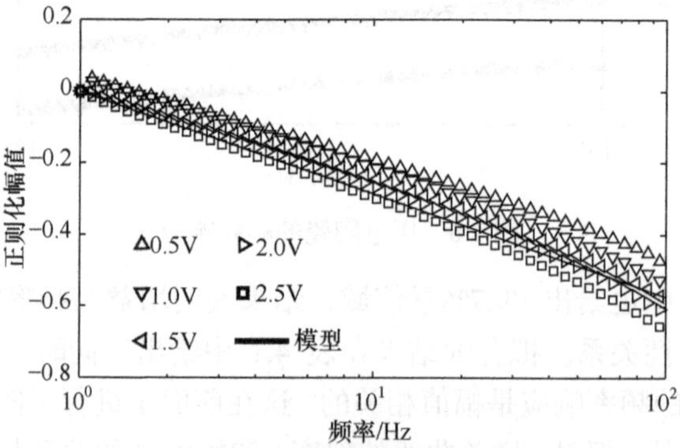

图 4.7 辨识得到的分数阶蠕变的频率响应

4.2　分数阶麦克斯韦模型

同时考虑蠕变和迟滞非线性，将麦克斯韦模型和分数阶蠕变模型进行综合，本节给出分数阶麦克斯韦模型。

4.2.1　分数阶麦克斯韦模型及简化

图 3.35 中的电压饱和电容器和理想电容器用阻容元件替代，即电荷量与电压之间的线性关系式(3.147)用分数阶动力学式(4.9)替代，此时可以得到分数阶麦克斯韦模型为

$$\frac{\dot{q}_i(t)}{T_{\mathrm{e}}}=\begin{cases}\dot{y}(t), & u_i(t)\operatorname{sgn}[\dot{q}(t)]<u_{S,i}\\ 0, & u_i(t)\operatorname{sgn}[\dot{q}(t)]\geqslant u_{S,i}\end{cases} \tag{4.48}$$

$${}_{t_0}D_t^{\alpha_i}\frac{q_i(t)}{T_{\mathrm{e}}}=\kappa_i u_i(t),\quad 0\leqslant\alpha_i\leqslant 1 \tag{4.49}$$

$$u(t)=\sum_{i=1}^{n+1}u_i(t) \tag{4.50}$$

上述方程中，第一组方程给出了每个电压饱和电容器与压电陶瓷作动器位移之间的关系，压电陶瓷作动器的输出位移 y 假设与通过它的电荷量成正比，比例系数为 T 。所有的电压饱和电容器由于采用串联关系而具有相同的电流。在 C_i 饱和前，第 i 个电压饱和电容器表面电荷 q_i 的变化率与通过整个网络的电荷量 q 的变化率相同。在 C_i 饱和后，第 i 个电压饱和电容器的表面电荷量 q_i 保持不变，变化率为零。第二组方程描述了电压饱和电容器的特性。第 i 个电压饱和电容器上时间的电压 u_i 正比于其表面电荷量 q_i 的分数阶导数，比例系数为 C_i 。第三组方程给出了压电陶瓷的施加电压与每个单元施加电压之间的关系。由于采用串联方式，施加在压电陶瓷上的电压 u 是施加在所有电压饱和电容器上电压 u_i 的和。为了避免计算中的奇异，最后一个电压饱和电容器 C_{n+1} 是一个理想电容器或者饱和电压无限大而不会饱和的电压饱和电容器。更多的细节可以在文献[52]中找到。

假设所有单元的分数阶动力学具有相同的阶次，即 $\alpha_1=\alpha_2=\cdots=\alpha_{n+1}=\alpha$ 。同时，注意到，当电压饱和电容器没有饱和时，它的表面电荷量变化速率

与整个网络的电荷量变化速率(电流)相同，即如果$|u_i|\leqslant u_{S,i}$，则$\dot{q}_i=\dot{q}$。因此，可以得到

$$\dot{u}(t)={}_{t_0}D_t^{\alpha}\dot{q}(t)\sum_{i=m+1}^{n+1}\frac{1}{K_i} \tag{4.51}$$

式中，m——饱和的单元数量。

在相对较短的时间周期Δt内，式(4.51)可以近似为

$$\Delta u(t)={}_{t_0}D_t^{\alpha}\Delta q(t)\sum_{i=m+1}^{n+1}\frac{1}{K_i} \tag{4.52}$$

并进一步得到

$${}_{t_0}D_t^{\alpha}\Delta q(t)=\frac{\Delta u(t)}{\sum_{i=m+1}^{n+1}\frac{1}{K_i}} \tag{4.53}$$

右手项表明，电压的变化在未饱和的单元上进行分配，分配量与增益K_i成反比。同时，注意到第$n+1$个单元从来不饱和，式(4.53)可以进一步简化为

$${}_{t_0}D_t^{\alpha}q(t)=K_{n+1}u_{n+1} \tag{4.54}$$

这个方程表明，压电陶瓷的迟滞和蠕变可以分开建模。分数阶麦克斯韦模型变得简单而容易执行：首先计算施加电压在电压饱和电容器上的分布；然后采用分数阶积分器计算最后一个单元的表面电荷量。

4.2.2 参数辨识与模型精度分析

分数阶麦克斯韦模型的参数辨识分为几步：首先可以采用阶跃响应获得分数阶蠕变的阶次；然后利用等速率三角波信号的响应辨识麦克斯韦模型的参数；最后利用阶梯信号对分数阶麦克斯韦模型进行参数优化。在本书的辨识示例中，等速率三角波信号的斜率为 1V/s，在这个速度下，机械振动和蠕变都可以忽略；对于阶梯信号，每步的幅值为 0.25V，持续 3s。

阶梯信号能够比较好地反映迟滞和蠕变的耦合效应，在得到初始参数后，采用阶梯信号求解下述优化问题对参数进行优化：

$$\min_{K_1,\cdots,K_{n+1},u_{S,1},\cdots,u_{S,n},\alpha}\sum_{k=1}^{N}\left[y(t_k)-\mathrm{FOMRC}[u](t_k)\right]^2 \tag{4.55}$$

式中，N——采样点数量；

FOMRC——分数阶麦克斯韦模型。

辨识得到的分数阶阶次为 0.0124，其他的参数在表 4.2 中给出。

首先，一组具有不同幅值的阶跃信号用来验证所辨识的模型，仿真和实验结果如图 4.8 所示。正则均方根为均方根误差与第 60s 的测量输出位移的比值，在表 4.3 中给出。正则均方根误差在 0.43%～2.28%，比文献[87]中的高阶模型稍微精确。在文献[36]中，Yeh 等给出了 200V 阶跃信号的跟踪误差小于 0.3%，但是，其中所采用的模型非常复杂，共包含了 38 个参数。同时，对于其他幅值信号的跟踪性能并没有在文献中提及。由此可见，分数阶麦克斯韦模型可以同时表征非线性增益和蠕变。

表 4.2　分数阶麦克斯韦模型参数辨识结果

i	$u_{s,i}$ /V	κ_i /(μm/V)	i	$u_{s,i}$ /V	κ_i /(μm/V)
1	0.0368	10.4571	7	0.0525	36.6254
2	0.0364	23.6702	8	0.0262	49.9662
3	0.0370	19.4110	9	0.0167	64.0682
4	0.0168	7.6675	10	0.1036	24.7827
5	0.0432	37.6126	11	—	1.2808
6	0.0320	41.2519			

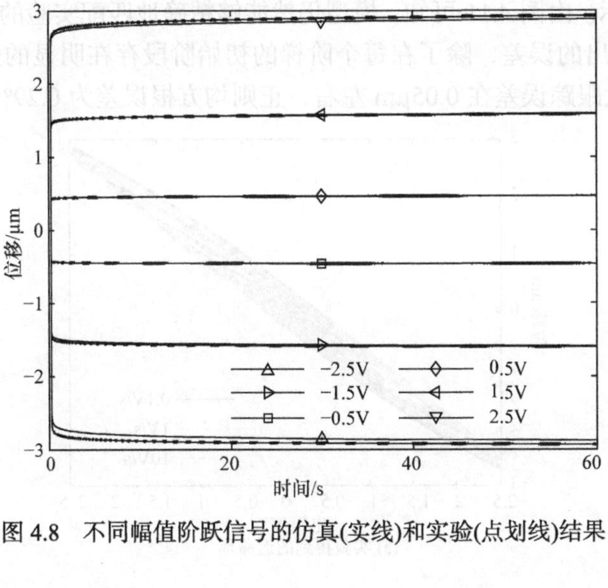

图 4.8　不同幅值阶跃信号的仿真(实线)和实验(点划线)结果

表 4.3　阶跃响应分数阶麦克斯韦模型拟合结果

电压幅值/V	2.5	1.5	0.5	−0.5	−1.5	−2.5
正则均方根误差/%	1.50	0.44	0.69	0.43	1.07	2.28

迟滞通常被认为与速率无关，但是压电陶瓷作动器中观察到的迟滞与速率相关。如图 4.9(a)所示，当压电陶瓷作动器施加幅值递减的三角波信号时，在不同的斜率下，迟滞环变短变宽，而且趋向于整体顺时针转动。同时，从局部放大图 4.9(c)中可以看到，小迟滞环存在从主迟滞环分离的现象。两者都是迟滞与蠕变和动态效应耦合的结果，它们不能用准静态的单元进行描述，如 play 算子[20-26]。通过引进分数阶积分项，分数阶麦克斯韦模型可以描述上述两种现象，如图 4.9(b)和图 4.9(d)所示。误差与正则化时间(真实时间与三角波第一个周期的比值)的曲线如图 4.10 所示。更多的采用不同电压变化速率的信号的结果如表 4.4 所示。模型的正则均方根误差很小，即使三角波信号的速率比较快——注意到输入信号 1.0V/s 对应的位移速率为 1.2μm/s。这些结果表明，分数阶麦克斯韦模型对信号的变化速率具有鲁棒性。

对于阶梯信号，蠕变和迟滞效应同时存在。实验和仿真结果的比较如图 4.11 所示。由图 4.11 可知，模型仍然能够精确地匹配实验的响应。根据图 4.9(b)给出的误差，除了在每个阶梯的初始阶段存在明显的过渡过程误差外，最大跟踪误差在 0.05μm 左右，正则均方根误差为 0.29%。

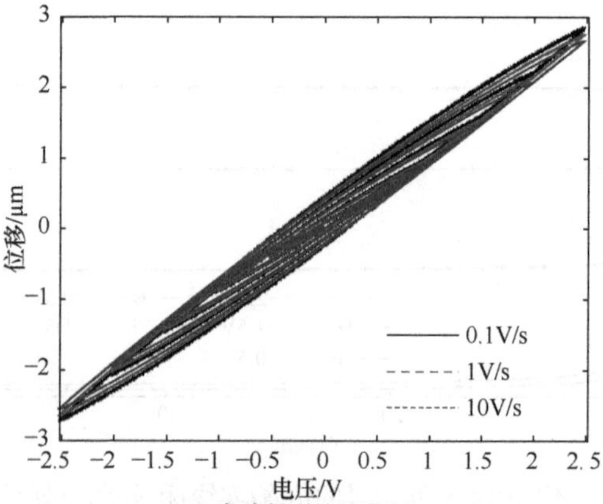

(a) 实验得到的迟滞环

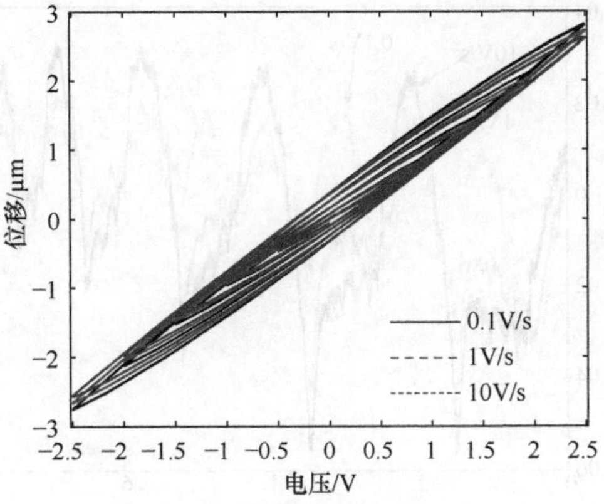

(b) 仿真得到的迟滞环

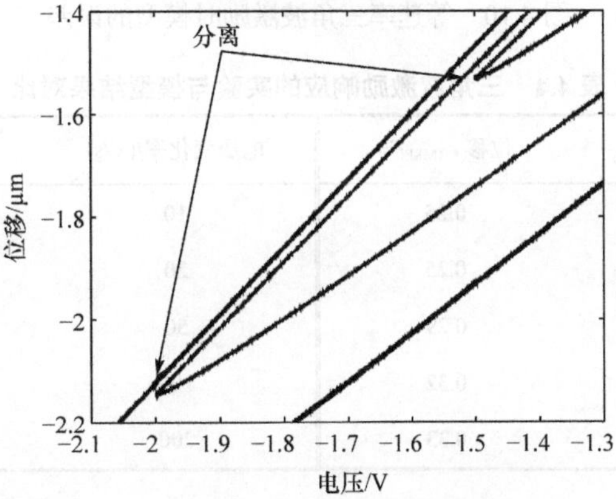

(c) 实验得到的迟滞环分离现象

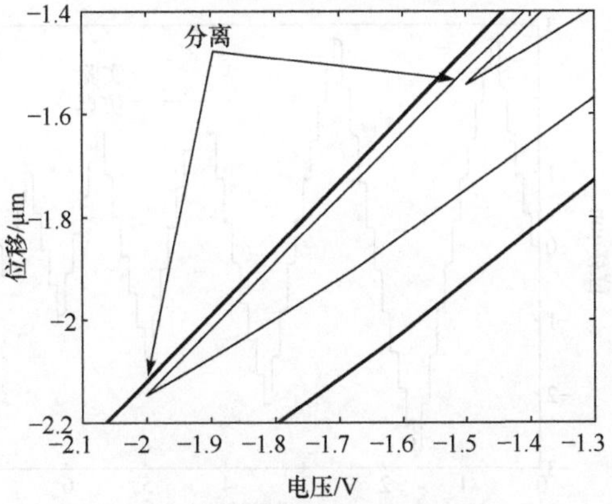

(d) 仿真得到的迟滞环分离现象

图 4.9　速率相关迟滞现象的实验与仿真对比

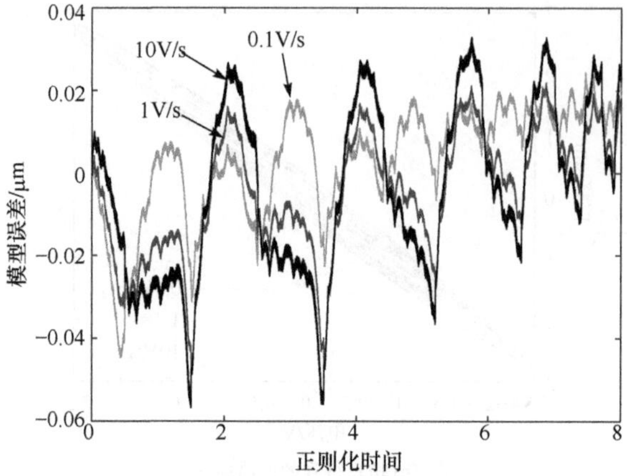

图 4.10　等速率三角波激励时模型的误差

表 4.4　三角波激励响应的实验与模型结果对比

电压变化率/(V/s)	位移 e_{RMSE}/%	电压变化率/(V/s)	位移 e_{RMSE}/%
0.1	0.25	10	0.40
0.5	0.25	20	0.54
1	0.29	50	0.95
2	0.32	100	1.64
5	0.33	200	3.03

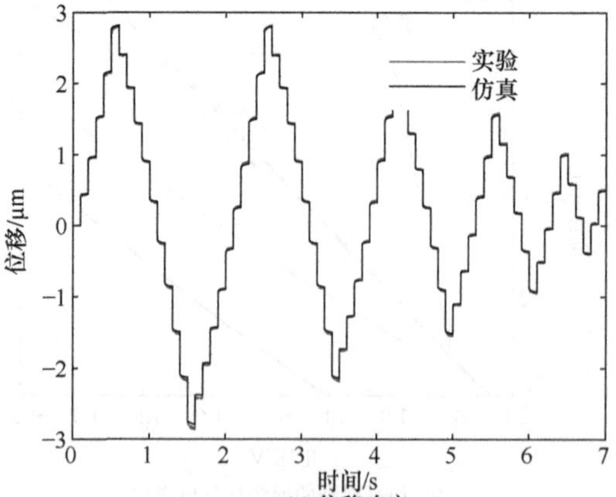

(a) 位移响应

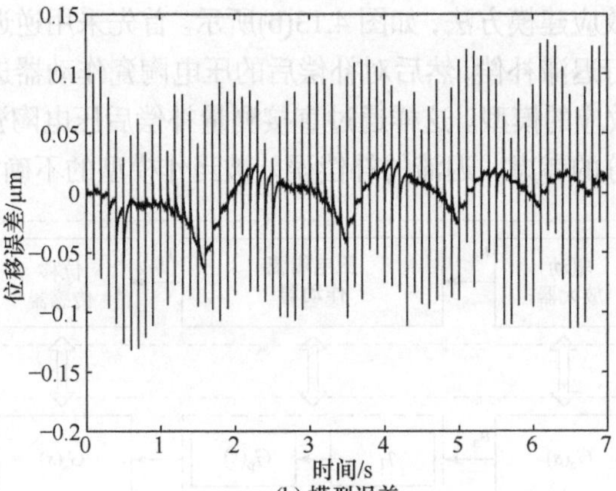

(b) 模型误差

图 4.11　阶梯信号的实验结果与仿真结果比较

麦克斯韦模型和分数阶蠕变可以分别描述与速率无关的迟滞和蠕变现象。将两者综合，分数阶麦克斯韦模型可以同时描述迟滞和蠕变以及它们之间的耦合作用，如速率相关迟滞和迟滞环分离等。但是，在分数阶麦克斯韦模型中，机械振动、驱动放大器和传感器等的高频动力学没有考虑，导致模型难以描述高频域的动力学行为。所幸的是，高频动力学可以利用一个线性系统进行单独建模。

4.3　迟滞补偿与动态效应建模

如图 4.12 所示，基于压电陶瓷的微纳米定位系统包括驱动放大器、压电陶瓷作动器和位移传感器。驱动放大器和位移传感器可以用线性系统 $G_a(s)$ 和 $G_s(s)$ 表示。压电陶瓷作动器建模为线性系统 $G_p(s)$ 和迟滞模块 $\mathcal{H}$ 串联的形式[3,11,13]。因此，可以用迟滞模块 $\mathcal{H}$ 和线性系统 $G_p(s)$ 串联的形式表示压电陶瓷的微纳米定位系统，其中，$G(s)=G_a(s)G_p(s)G_s(s)$。

在文献中，通常采用小幅值信号，如幅值不到 10%最大行程，直接激励压电陶瓷作动器，获得压电陶瓷作动器的频率响应，如图 4.13(a)所示，然后辨识建立动态效应的模型。这样可以最小化迟滞的影响，从而忽略迟滞导致的增益对输入信号幅值的依赖[3,11,13]。正如前面分析的，压电陶瓷作动器的频率响应与输入电压的幅值相关，其幅值相关增益是由迟滞造成的。小幅值信号的频率响应难以获得迟滞和动态效应之间的耦合。本节采用一种不同的动态效应建模方法，如图 4.13(b)所示。首先采用逆迟滞模型对压电陶瓷作动器进行迟滞补偿，然后对补偿后的压电陶瓷作动器进行频率响应辨识，得到动态效应的模型。这样通过直接测量补偿后压电陶瓷的响应，迟滞效应得到了充分的考虑，迟滞的补偿误差被当作模型的不确定性。

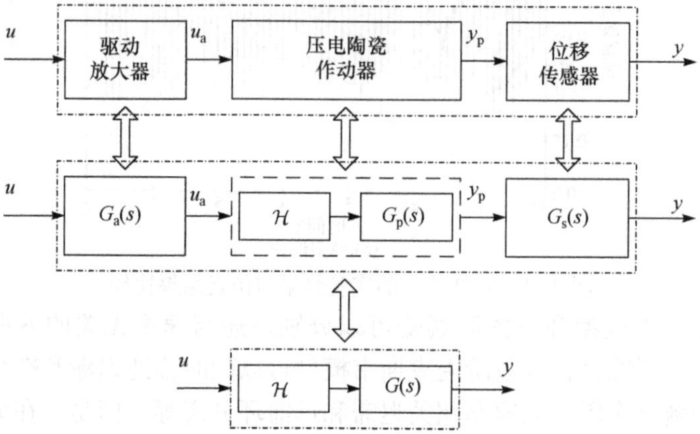

图 4.12　压电陶瓷作动器建模

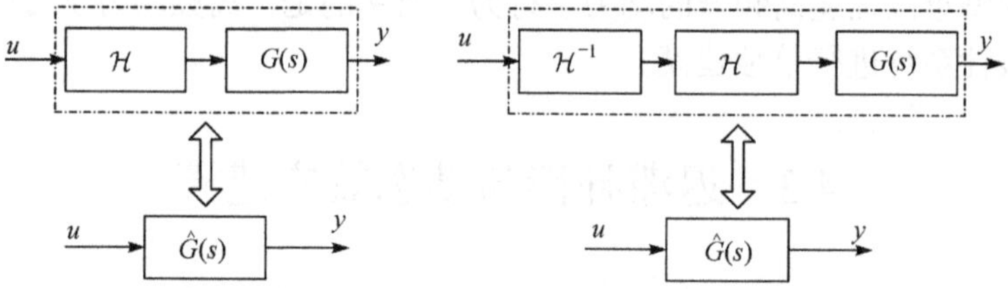

(a) 小信号动态效应辨识　　(b) 线性化后动态效应辨识

图 4.13　动态效应辨识方法

4.3.1　逆模型补偿原理

定义 4.1[逆算子]　假设内部状态为零，即 $v_i(0)=0$。如果满足

$$u(t)=\mathcal{M}_{\bar{k},\bar{S}}[\mathcal{M}_{k,S}[u]](t) \tag{4.56}$$

$$F(t)=\mathcal{M}_{k,S}[\mathcal{M}_{\bar{k},\bar{S}}[F]](t) \tag{4.57}$$

那么，算子 $\mathcal{M}_{k,S}$ 称为算子 $\mathcal{M}_{\bar{k},\bar{S}}$ 的逆算子，并记作 $\mathcal{M}_{k,S}^{-1}$，即 $\mathcal{M}_{k,S}^{-1}=\mathcal{M}_{\bar{k},\bar{S}}$。

备注 4.3　根据上述对逆算子的定义，如果参考信号 F_r 在施加到麦克斯韦模型 $\mathcal{M}_{k,S}$ 前，通过逆算子 $\mathcal{M}_{\bar{k},\bar{S}}$ 进行预处理，那么最终的输出将会严

格跟踪参考信号 F_r。这是采用逆模型实现迟滞补偿的基本原理。

性质 4.1[可逆性]　一般麦克斯韦模型是可逆的，即一般麦克斯韦模型的逆模型也是一个一般麦克斯韦模型。

一般麦克斯韦模型的可逆性意味着一个一般麦克斯韦模型的逆模型也可以通过式(3.2)和式(3.3)来描述，而逆模型的参数可以通过下面的定理获得。

定理 4.2　如果 $\mathcal{M}_{\bar{k},\bar{S}} = \mathcal{M}_{k,S}^{-1}$，那么

$$\bar{\boldsymbol{k}} = \boldsymbol{A}^{-1}[\boldsymbol{\mathcal{D}}(\boldsymbol{A}\boldsymbol{k})]^{-1}\mathbf{1} \tag{4.58}$$

$$\bar{\boldsymbol{S}} = \boldsymbol{B}\boldsymbol{S} \tag{4.59}$$

式中，$\boldsymbol{\mathcal{D}}(\boldsymbol{x})$——向量 $\boldsymbol{x}$ 对应的对角阵。

$$A_{i,j} = \begin{cases} 1, & i \leqslant j \\ 0, & i > j \end{cases}$$

$$B_{i,j} = \begin{cases} 0, & i < j \\ \sum\limits_{j=i}^{n} k_j, & i = j \\ k_j, & i > j \end{cases}$$

证明：如图 4.14 所示，假设 $F(t) = \mathcal{M}_{k,S}[u](t)$，$u(t) = \mathcal{M}_{\bar{k},\bar{S}}[F_r](t)$。其中，$F_r(t)$、$u(t)$ 和 $F(t)$ 分别表示参考输入、控制输入和输出。从定义 4.1 可以得到 $F(t) = F_r(t)$，或者

$$\frac{\partial F}{\partial F_r} = \frac{\partial u}{\partial F_r} \cdot \frac{\partial F}{\partial u} = 1$$

定义一般麦克斯韦模型的外观刚度为

$$K := \frac{\partial F}{\partial u}$$

那么，在第 i 个弹性-滑动单元滑动前，$\mathcal{M}_{\bar{k},\bar{S}}$ 和 $\mathcal{M}_{k,S}$ 的外观刚度分别为

$$\bar{K}_i = \sum_{j=i}^{n} \bar{k}_j$$

$$K_i = \sum_{j=i}^{n} k_j$$

因此，

$$\sum_{j=i}^{n}\bar{k}_j \cdot \sum_{j=i}^{n} k_j = 1$$

上式进一步写成矩阵的形式为 $\mathcal{D}(\boldsymbol{Ak})\boldsymbol{A\bar{k}} = \mathbf{1}$，可以得到 $\bar{\boldsymbol{k}}$ 如式(4.58)所示。

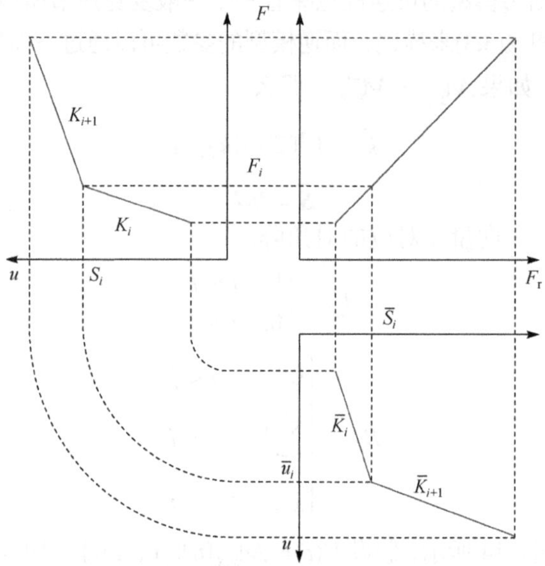

图 4.14　一般麦克斯韦模型的前向模型和逆模型关系

由于 $F(t) = F_{\mathrm{r}}(t)$，可以得到 $\Delta F_{\mathrm{r}}(t) = \Delta F = K\Delta u$，那么，$\bar{S}_1 = K_1 S_1$ 且 $\bar{S}_i - \bar{S}_{i-1} = K_i(S_i - S_{i-1})$，进一步得到

$$\bar{S}_i = \sum_{j=i}^{n} k_j S_i + \sum_{j=1}^{i-1} k_j S_j$$

可以表示为式(4.59)的形式。

备注 4.4　把压电陶瓷作动器的输入电压和输出位移分别记为 u_{p} 和 y_{p}。由于一般麦克斯韦模型的可逆性，既可以用它描述 u_{p} 到 y_{p} 的前向迟滞，也可以用它描述 y_{p} 到 u_{p} 的逆向迟滞。前者，u_{p} 和 y_{p} 分别对应一般麦克斯韦模型的输入 u 和输出 F；后者，u_{p} 和 y_{p} 分别对应一般麦克斯韦模型的输出 F 和输入 u。

如图 1.4(a)所示，通过将逆迟滞模型与压电陶瓷作动器串联，实现压电陶瓷的非线性补偿，获得线性的输入-输出关系。

麦克斯韦模型具有双向特性，即前向模型和逆模型采用同一方程组描述。同时，在进行一般化后，一般麦克斯韦模型可以表述顺/逆时针、非凸迟滞。如图 3.36 所示，麦克斯韦模型的前向算法和逆向算法都有很好的实现方式。这些为迟滞的建模和补偿提供了多种选择：

(1) 利用前向算法辨识参数，并利用逆向算法构建逆模型，实现迟滞非线性的补偿。

(2) 直接利用逆向算法构建逆模型，通过将压电陶瓷作动器的输出位移和输入电压分别作为模型的输入和输出辨识模型参数，实现迟滞非线性的补偿。

(3) 利用逆向算法辨识前向模型参数，并利用逆向算法构建逆模型，根据前向模型和逆模型的参数变换获得逆模型参数，实现迟滞非线性补偿。

前向算法采用迭代的方式完成新增输入量在未饱和单元之间的分配，而逆向算法直接根据新增输入量完成每个单元是否饱和的计算，因此逆向算法的计算效率更高。应用中很少使用前向算法，而直接采用参数对应实数域的一般麦克斯韦模型的逆向算法。另外，通过转变实验系统与模型的输入-输出对应关系，辨识前向模型再求逆模型或直接辨识逆模型，两者不存在实质的差别。但是，当迟滞环存在斜率特别大或者特别小时，前向模型或者逆模型辨识过程中会出现奇异，这种情况下，需要考虑辨识前向模型或者逆模型。

因此，本书中的麦克斯韦模型的仿真模型都采用逆向算法构建，而参数辨识既有采用前向模型辨识后求取逆模型参数的示例，也有直接辨识逆模型参数的示例。

4.3.2　迟滞非线性补偿与动态效应建模

采用麦克斯韦逆模型与压电陶瓷作动器串联对压电陶瓷作动器的迟滞进行补偿，补偿后压电陶瓷作动器输入-输出特性如图 4.15 所示，可以看出，补偿后系统输入输出之间呈现很好的线性关系，输入非线性和输出非线性从 96.96%和 96.78%分别减小到 0.4%和 0.38%。

对迟滞补偿后的压电陶瓷作动器进行频率响应分析，结果如图 4.16 所示。当正弦的幅值固定在 1μm 而具有不同的直流偏置时，频率响应如图 4.17 所示。可见，麦克斯韦逆模型计算量小，使得采样频率达到 100kHz，从而对补偿后的压电陶瓷作动器的频率响应可以在大的频带内完成。由于迟滞的存在，未补偿的压电陶瓷的幅值响应是幅值相关的。补偿后得到一个线性度很好的响应，迟滞导致的非线性增益通过麦克斯韦逆模型得到了

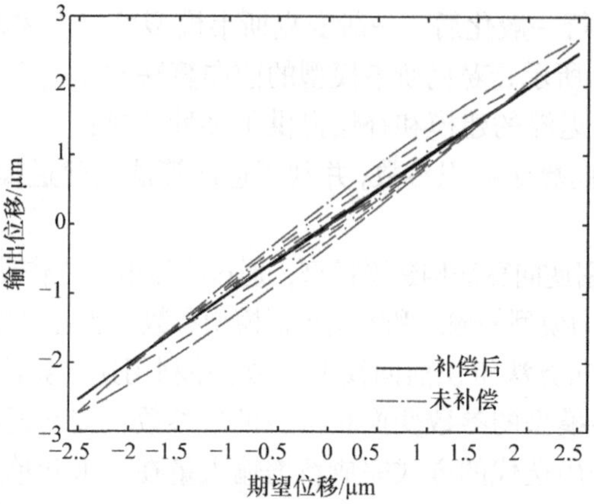

图 4.15　补偿后压电陶瓷作动器输入-输出特性

很好的补偿，增益与输入电压的幅值无关。在低频时，不同幅值信号的频率响应几乎相同，而且增益近似为 1，相角近似为 0。随着频率的增加增益和相角有所减小。同时，比较补偿前的频率响应(图 2.9)和补偿后的频率响应(图 4.16)，可以得到，由于麦克斯韦模型是准静态的，基于麦克斯韦模型的补偿几乎没有造成带宽上的损失。实际上，从−3dB 的穿越频率来看，补偿后的穿越频率比补偿前有所提高。但是，在补偿中由于没有考虑对蠕变的补偿，在补偿后，低频段增益随频率缓慢下降的现象仍然存在。对于闭环应用，由于闭环系统可以很好地抑制低频段的误差，补偿结果可以直接用于闭环系统的设计。但是对于开环应用，蠕变会造成误差，需要进一步的补偿。

在低频输入信号下，麦克斯韦模型可以完全地描述压电陶瓷作动器的输入-输出特性。但是，输入也可能是高频信号。在机电一体化模型[7]中，Goldfarb 和 Celanovic 采用一个二阶系统描述系统机械部分的动态效应。考虑到驱动控制器和位移传感器的动力学，一个二阶系统对于描述压电陶瓷微纳米跟踪定位系统是不够充分的。考虑一阶位移传感器的动力学和二阶驱动控制器的动力学，迟滞补偿后的压电陶瓷微纳米跟踪定位系统可以假设为如下传递函数：

$$G(s)=\frac{k(s^2+b_1s+b_2)}{(\tau s+1)(s^2+2\zeta_1\omega_1s+\omega_1^2)(s^2+2\zeta_2\omega_2s+\omega_2^2)} \tag{4.60}$$

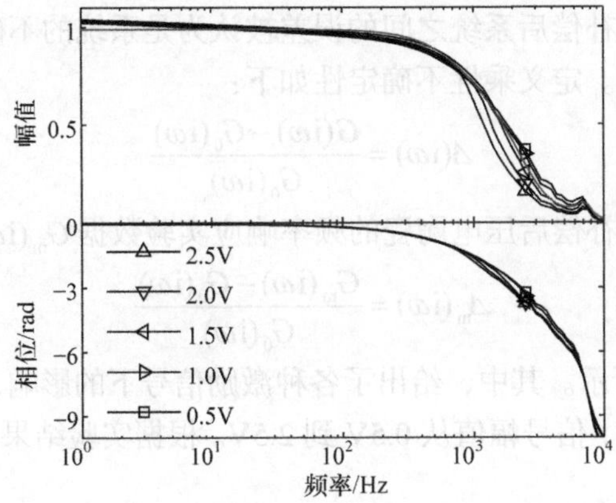

图 4.16　迟滞补偿后压电陶瓷作动器的频率响应

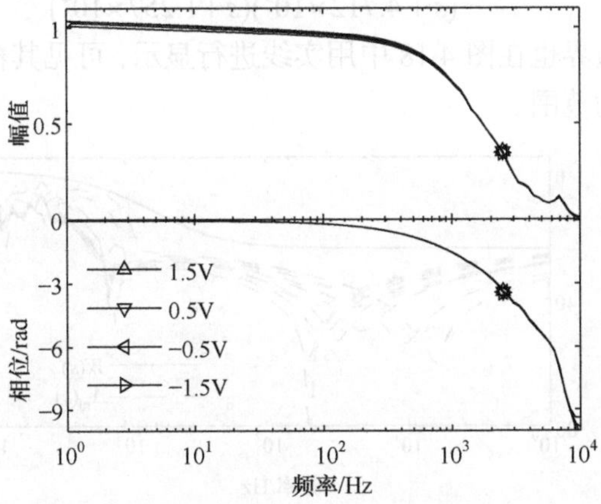

图 4.17　迟滞补偿后压电陶瓷作动器的不同偏置电压频率响应

根据得到的频率响应，迟滞补偿后的压电陶瓷作动器剩余的动力学辨识为五阶非最小项线性系统。

$$G_0(s)=\frac{1}{s+6251}\cdot\frac{2.531\times10^{12}}{s^2+19330s+2.337\times10^8}\cdot\frac{s^2-34700s+1.193\times10^9}{s^2+10360s+2.091\times10^9} \tag{4.61}$$

该系统作为补偿后压电陶瓷作动器的名义系统，并记作 G_0。名义系统 G_0 的频率响应也在图 4.16 中用点划线给出。从辨识结果可以看到，名义系统除了没有描述低频段增益的缓慢下降现象外，对补偿后系统的整体趋势实现了很好的描述，可以用于进一步的控制系统设计。

名义系统与补偿后系统之间的误差被认为是系统的不确定性，采用乘性不确定性描述。定义乘性不确定性如下：

$$\varDelta(\mathrm{i}\omega)=\frac{G(\mathrm{i}\omega)-G_0(\mathrm{i}\omega)}{G_0(\mathrm{i}\omega)} \tag{4.62}$$

它可以通过迟滞补偿后压电陶瓷的频率响应实验数据 $G_{\mathrm{m}}(\mathrm{i}\omega)$ 进行估计：

$$\varDelta_{\mathrm{m}}(\mathrm{i}\omega)=\frac{G_{\mathrm{m}}(\mathrm{i}\omega)-G_0(\mathrm{i}\omega)}{G_0(\mathrm{i}\omega)} \tag{4.63}$$

结果如图 4.18 所示。其中，给出了各种激励信号下的影响，包括偏置电压从−1.5V 到 1.5V，信号幅值从 0.5V 到 2.5V。根据实验结果，确定的不确定性边界为

$$W(s)=\frac{1.075(s+1.885\times10^3)^2}{(s+4.712\times10^3)(s+1.257\times10^4)} \tag{4.64}$$

上述不确定性边界也在图 4.18 中用实线进行显示，可见其覆盖了实验得到的不确定性波动范围。

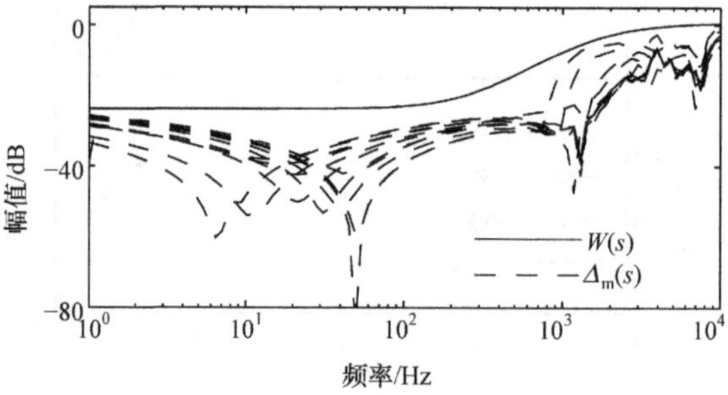

图 4.18　补偿后压电陶瓷作动器的不确定性

正如前面所述，对于开环应用或者提高补偿精度，特别是低频的应用，迟滞和蠕变效应同时存在，前馈补偿时需要同时考虑，即采用逆分数阶麦克斯韦模型对压电陶瓷作动器进行补偿。

式(4.48)～式(4.50)描述了一个输入电压和输出位移的通用关系。基于这组方程，不仅可以描述前向分数阶麦克斯韦模型，而且可以描述逆分数阶麦克斯韦模型。实际上，逆分数阶麦克斯韦模型的计算模型更为简单。正如前面所述，当建立分数阶麦克斯韦模型计算模型时，需要根据式(3.146)～式(3.148)采用循环的形式去计算电压在每个单元的分布。然而，如果期望位移作为模型的输入，每个单元输出的电压可以直接用式(4.48)

和式 (4.49)进行计算。而总电压由式(4.50)给出。换句话讲，逆分数阶麦克斯韦模型的仿真模型可以直接创建，而不需要循环。

补偿和未补偿的跟踪结果如图 4.19 所示。补偿后的压电陶瓷很好地跟踪期望位移，正则均方根误差从未补偿时的 5.04%减小到补偿后的 0.36%。

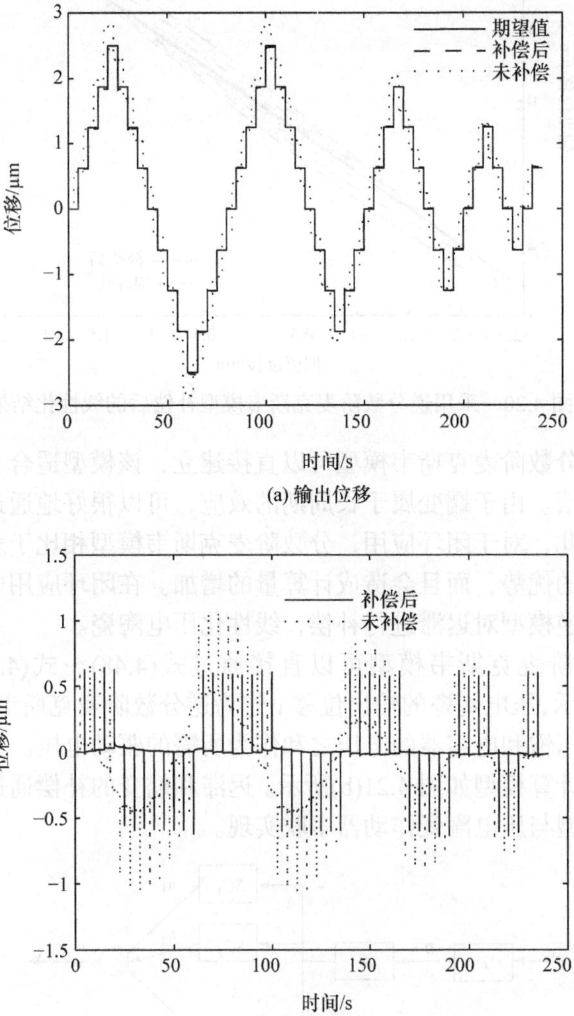

(a) 输出位移

(b) 跟踪偏差

图 4.19 补偿和未补偿系统对阶梯信号的跟踪性能

采用幅值递减的三角波信号作为期望位移的输入-输出特性如图 4.20 所示，系统被很好地线性化，非线性误差从 12.06%减小到 0.65%。

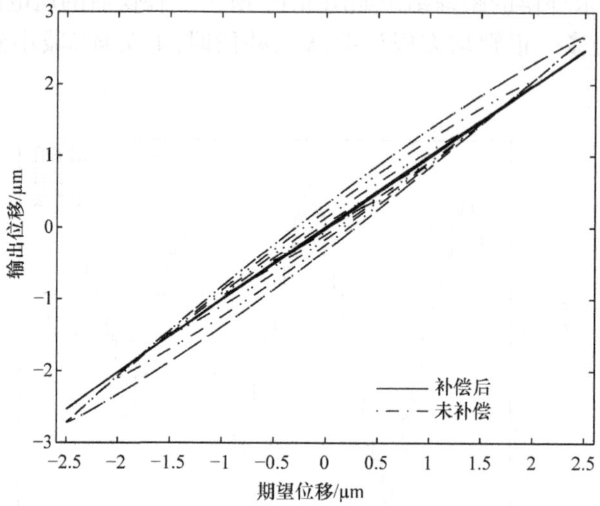

图 4.20　采用逆分数阶麦克斯韦模型补偿后的线性化结果

由于逆分数阶麦克斯韦模型可以直接建立，该模型适合于开环的迟滞和蠕变的补偿。由于蠕变属于长周期的效应，可以很好地通过闭环控制进行抑制。因此，对于闭环应用，分数阶麦克斯韦模型相比于麦克斯韦模型并没有明显的优势，而且会造成计算量的增加。在闭环应用中，可以仅利用麦克斯韦逆模型对迟滞进行补偿，线性化压电陶瓷。

逆分数阶麦克斯韦模型可以直接通过式(4.48)～式(4.50)建立。如图 4.21(a)所示，压电陶瓷的输出位移 y 作为逆分数阶麦克斯韦模型的输入，而模型的电压饱和电容器的电压之和作为所需的驱动电压。其中，电压饱和电容器的计算模型如图 4.21(b)所示。迟滞和蠕变的补偿通过将逆分数阶麦克斯韦模型与压电陶瓷作动器串联实现。

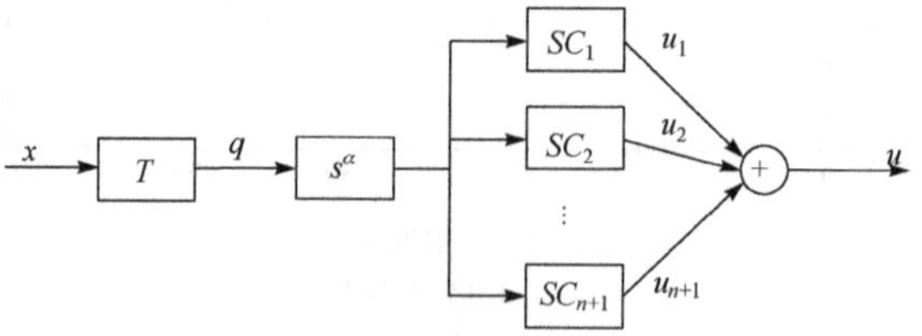

(a) 逆分数阶麦克斯韦模型

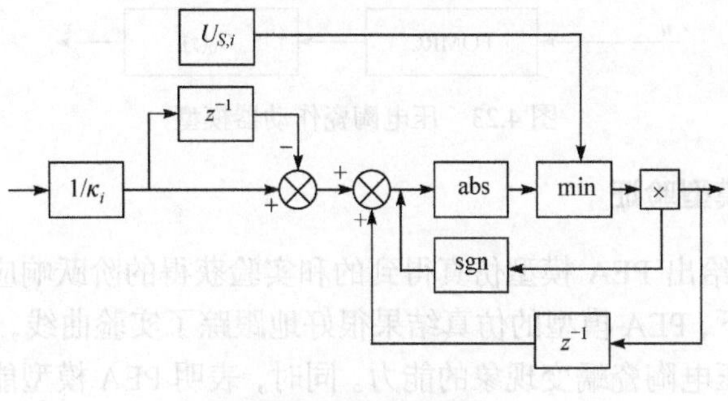

(b) 电压饱和电容器计算模型

图 4.21 逆分数阶麦克斯韦模型和电压饱和电容器计算模型

补偿后压电陶瓷的频率响应如图 4.22 所示。与未补偿时比较，补偿后低频时的增益缓慢下降和幅值相关的增益两个现象都消失了。基于上述的频率响应，辨识一个五阶的非最小相线性系统可以很好地拟合补偿后的剩余的动力学：

$$G_0(s)=\frac{1}{s+13700}\cdot\frac{4.164\times10^{12}}{s^2+18950s+1.168\times10^8}\cdot\frac{s^2-25170s+7.715\times10^8}{s^2+20690s+2.042\times10^9} \tag{4.65}$$

对应的频率响应也在图 4.22 中给出。

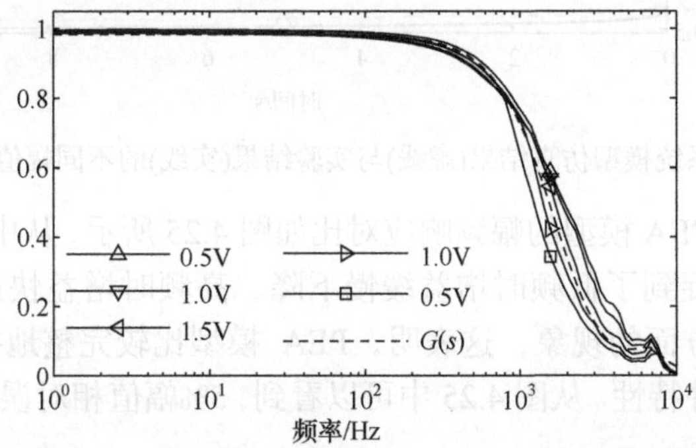

图 4.22 采用逆分数阶麦克斯韦模型补偿后压电陶瓷作动器的频率响应

最后，如图 4.23 所示，将分数阶麦克斯韦模型与高阶动力学模型串联，得到压电陶瓷作动器的完整动力学模型，这里将其称为压电陶瓷作动器模型(PEA 模型)。

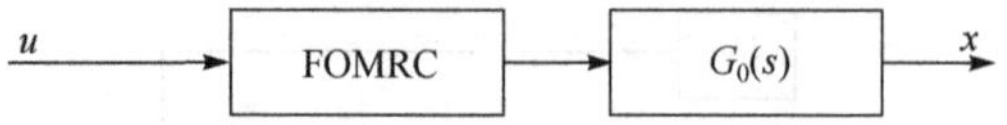

图 4.23　压电陶瓷作动器模型

4.3.3　系统模型验证

图 4.24 给出 PEA 模型仿真得到的和实验获得的阶跃响应曲线。在不同阶跃幅值下，PEA 模型的仿真结果很好地跟踪了实验曲线，表明 PEA 模型具备表征压电陶瓷蠕变现象的能力。同时，表明 PEA 模型能够描述幅值相关的增益现象。

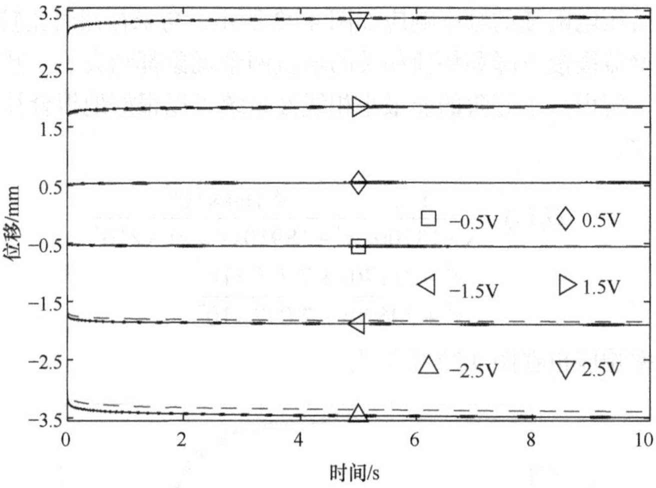

图 4.24　系统模型仿真结果(虚线)与实验结果(实线)的不同幅值阶跃响应曲线

实验和 PEA 模型的幅频响应对比如图 4.25 所示，从中可以看到，PEA 模型同时捕捉到了低频时增益缓慢下降、高频时增益快速下降和幅值相关增益等三方面的现象，这表明，PEA 模型比较完整地描述了压电陶瓷作动器的各种特性。从图 4.25 中可以看到，5%幅值相对误差的频率达到了 800Hz。

为了进一步验证 PEA 模型能够同时描述蠕变、迟滞和动态效应，采用不同频率的正弦信号施加到压电陶瓷作动器和 PEA 模型，获得的迟滞曲线如图 4.26 所示。虽然，通常迟滞被认为是与速率无关的，但是由于蠕变和动态效应的影响，压电陶瓷中观察到的迟滞是与速率相关的，这些特征都被 PEA

模型描述。在比较宽的频带范围内，仿真结果都很好地拟合了实验结果。

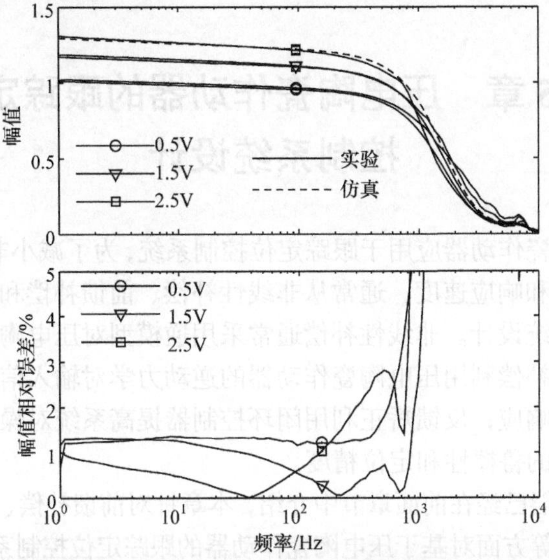

图 4.25　不同幅值信号下实验系统与 PEA 模型的频率响应及幅值相对误差

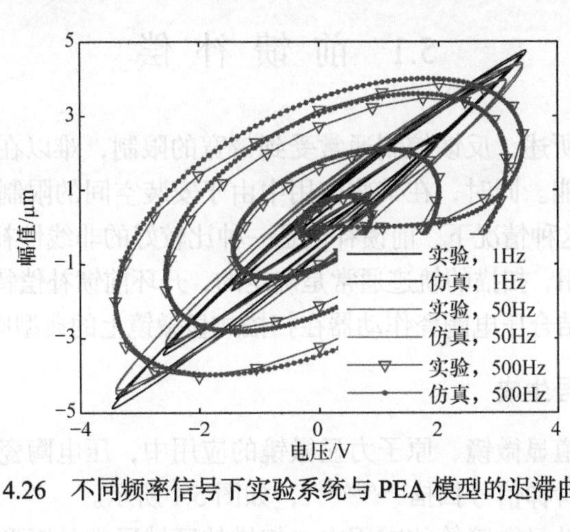

图 4.26　不同频率信号下实验系统与 PEA 模型的迟滞曲线

第 5 章　压电陶瓷作动器的跟踪定位控制系统设计

将压电陶瓷作动器应用于跟踪定位控制系统，为了减小非线性的影响，提高定位精度和响应速度，通常从非线性补偿、前馈补偿和反馈矫正等方面进行控制系统设计。非线性补偿通常采用逆模型对压电陶瓷作动器进行线性化；前馈补偿利用压电陶瓷作动器的逆动力学对输入信号进行预处理来改善系统的响应；反馈矫正利用闭环控制器提高系统对噪声、干扰和建模误差等方面的鲁棒性和定位精度。

非线性补偿已经在前面章节中介绍，本章针对前馈补偿、反馈矫正及综合控制器设计等方面对基于压电陶瓷作动器的跟踪定位控制系统进行介绍。

5.1　前 馈 补 偿

正如前面所述，反馈控制通常受到带宽的限制，难以在高频时实现所需的速度和性能。同时，在某些应用中由于安装空间的限制，难以安装位移传感器。在这种情况下，前馈补偿是一种比较好的非线性补偿方法。特别是针对扫描应用，扫描的轨迹通常是确定的，开环前馈补偿特别适合。本节针对前馈补偿结合压电陶瓷作动器在扫描式显微镜上的典型应用进行介绍。

5.1.1　前馈信号生成

在扫描隧道显微镜、原子力显微镜的应用中，压电陶瓷的典型工作模式是三角波和阶梯信号扫描[10,60,61,88]，如图 5.1 所示。

在扫描探针显微镜等的应用中，扫描的区域通常是矩形。通过平台或者探针按照一定类似于光栅的运动模式覆盖所需的区域，如图 5.1 所示。三角波信号施加在 x 轴(快速轴)上，阶梯信号或者伪斜坡信号施加在 y 轴(慢速轴)上。在 x 轴前向扫描中，y 轴位置固定；在 x 轴后向扫面中，y 轴递增一步。前向扫描和后向扫描交替进行，直至整个区域扫描完。

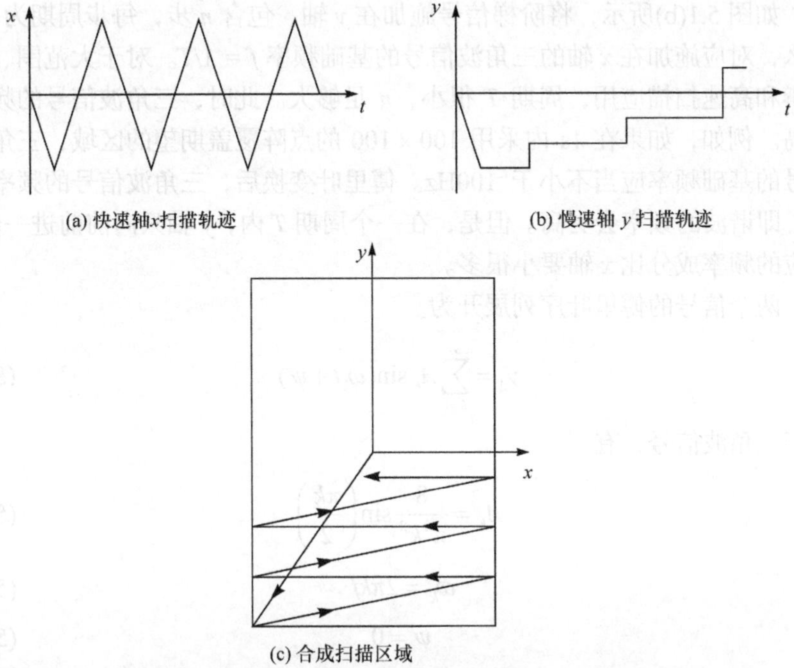

(a) 快速轴x扫描轨迹　(b) 慢速轴 y 扫描轨迹

(c) 合成扫描区域

图 5.1　扫描式显微镜中压电陶瓷作动器的工作模式

近十几年，生物细胞运动或者材料合成过程等动态样品的成像对高通量系统提出了需求，这些需求对采用压电陶瓷实现三角波轨迹扫描提出了新的挑战[2,3]。应当指出的是，限制基于压电陶瓷的微纳米跟踪定位系统精度和速度的主要因素包含三个方面：定位系统中机械部分的动力学效应、迟滞和蠕变等压电陶瓷固有的非线性和控制系统的性能[3]。

考虑到动态效应和迟滞非线性，压电陶瓷作动器通常建模为静态迟滞单元与一个线性系统级联的形式，如图 5.2 所示。因此，轨迹的前馈处理可以与迟滞补偿进行综合。

图 5.2　前馈补偿控制策略

如图 5.1(b)所示，将阶梯信号施加在 y 轴，包含 n 步，每步周期为 T。那么，对应施加在 x 轴的三角波信号的基础频率 $f = 1/T$。对于大范围、高分辨和高速扫描应用，周期 T 很小，n 足够大。此时，三角波信号的频率很高。例如，如果在 1s 内采用 100×100 的点阵覆盖期望的区域，三角波信号的基础频率应当不小于 100Hz。傅里叶变换后，三角波信号的频率成分，即谐波的频率会更高。但是，在一个周期 T 内，y 轴只向前前进一步。对应的频率成分比 x 轴要小很多。

两个信号的傅里叶序列展开为

$$y_{\mathrm{d}} = \sum_{k=1}^{\infty} A_k \sin(\omega_k t + \psi) \tag{5.1}$$

对于三角波信号，有

$$A_k = \frac{8}{\pi^2 k^2} \sin\left(\frac{\pi k}{2}\right) \tag{5.2}$$

$$\omega_k = 2\pi k f \tag{5.3}$$

$$\psi = 0 \tag{5.4}$$

对于阶梯信号，有

$$A_k = \frac{4}{k\pi(n-1)} \sum_{i=1}^{n-1} \sin\left(\frac{ki\pi}{n}\right) \tag{5.5}$$

$$\omega_k = \frac{k\pi}{T} \tag{5.6}$$

$$\psi = -\frac{\pi}{2} \tag{5.7}$$

当 $T = 0.01\mathrm{s}$、$n = 100$ 时，它们的频谱如图 5.3 所示。三角波信号相对幅值小于 0.1% 的分量频率达到 3000Hz。而阶梯信号对应的频率只是略大于 300Hz。同时，三角波信号的分量频率的相对幅值随着 k 衰减迅速，而阶梯信号的分量频率的相对幅值衰减缓慢。

正如前面描述，压电陶瓷作动器建模为静态迟滞模块和线性系统的级联形式，迟滞补偿后的系统为线性系统，系统的频率响应可以测量得到，并用来对输入信号进行前馈预处理。基于上述分析，开环控制策略如图 5.2 所示。其主要思想为：基于一般麦克斯韦模型辨识迟滞，通过逆模型补偿迟滞，测量补偿后系统的频率特性并用来对期望输出信号进行前馈处理。

在采用逆模型进行迟滞补偿后的频率响应如图 4.16 所示。可以看到，系统在低频时呈现出很好的线性度，不同幅值信号的频率响应几乎相同，而且增益近似为 1，相角近似为 0。但是，在高频时，增益和相角随频率下降迅速。

从图 5.3(a)可以看出，在三角波信号的前几个分量频率中，存在明显的增益减小和相位滞后。因此，高速的三角波信号扫描需要进行前馈预处理。首先将三角波信号用前几阶谐波进行近似，然后根据补偿后压电陶瓷作动器的频率响应计算每个谐波的逆前馈输入，并施加到补偿后的压电陶瓷作动系统，具体如下。

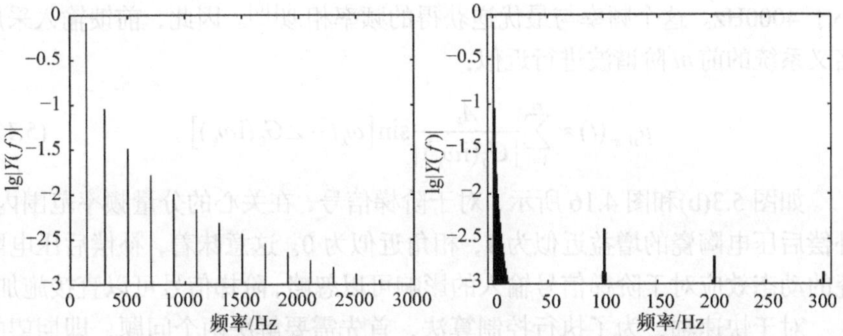

(a) 三角波频谱　(b) 阶梯信号频谱

图 5.3　三角波和阶梯信号的频谱

迟滞补偿后的压电陶瓷作动器近似为线性系统 G 。记期望的输出位移为 y_{d} ，其傅里叶变换为 $Y_{\mathrm{d}}(\mathrm{i}\omega)$ 。那么，可以得到

$$Y_{\mathrm{d}}(\mathrm{i}\omega)=G(\mathrm{i}\omega)U(\mathrm{i}\omega) \tag{5.8}$$

式中，$U(\mathrm{i}\omega)$ ——施加到补偿后压电陶瓷的输入电压 u 的傅里叶变换。

三角波信号的傅里叶级数展开如式(5.1)所示。记补偿后的压电陶瓷在频率 ω_k 的幅值和相位分别为 M_k 和 ϕ_k ，即

$$M_k=|G(\mathrm{i}\omega_k)| \tag{5.9}$$

$$\phi_k=\angle G(\mathrm{i}\omega_k),\quad k=1,2,\cdots \tag{5.10}$$

那么，预处理后施加到系统 G 的输入为

$$u(t)=\sum_{k=1}^{\infty}\frac{A_k}{M_k}\sin(\omega_k t+\psi-\phi_k) \tag{5.11}$$

更多的细节可参阅文献[59]、[60]和[61]。应当注意的是，由于$G(s)$是非最小相系统，$G^{-1}(\mathrm{i}\omega)$是不稳定的。幸运的是，右半平面的零点位置距离虚轴比较远，$\omega=3.5\times10^4\,\mathrm{rad/s}$。在实际应用中，由于建模误差，对象$G$很难精确获得。即使是$|G(\mathrm{i}\omega_k)|$和$\angle G(\mathrm{i}\omega_k)$从系统的频率响应直接实验测量，但由于噪声、扰动和不确定性等因素，它们也很难精确获得。另外，辨识得到的模型也只能在一定的频率范围内是比较准确的。而且从图 4.16 可以看到，随着频率的增加系统增益快速减小，在频率很大时，式(5.11)获得的输入补偿可能会过大从而导致系统饱和。从实际应用的角度，频率的成分应当小于 4000Hz。这个频率与最优逆获得的频率相似[19]。因此，前馈输入采用名义系统的前m阶谐波进行近似：

$$u_{\mathrm{ff},m}(t)\approx\sum_{k=1}^{m}\frac{A_k}{|G_0(\mathrm{i}\omega_k)|}\sin\left[\omega_k t-\angle G_0(\mathrm{i}\omega_k)\right] \tag{5.12}$$

如图 5.3(b)和图 4.16 所示，对于阶梯信号，在关心的分量频率范围内，补偿后压电陶瓷的增益近似为 1，相角近似为 0。这意味着，补偿后压电陶瓷的动态效应对于阶梯信号输入的影响可以忽略，阶梯信号可以直接施加。

对于快速轴，为了执行控制算法，首先需要解决两个问题，即期望的位移$y_{\mathrm{d}}(t)$和预处理后的输入$u(t)$具有无穷多个谐波项，带宽不受限制。因此，应当根据传感器和执行器的带宽、环境噪声、采样速率、离散化和机械精度等选择合适阶次的谐波项，同时，对补偿后压电陶瓷进行频率响应辨识。在期望轨迹给定的情况下，对补偿后压电陶瓷作动器进行频率响应辨识，可以针对分量频率ω_k进行。但是，如果期望位移发生变化，分量频率也会发生变化。为了避免在期望位移发生变化时重复测量系统的频率响应，可以采用的一种方法是将补偿后的压电陶瓷辨识为一个高阶动力学传递函数，虽然这样会增加不必要的复杂度。另一种方法是，选择一组合适的基础频率测量补偿后压电陶瓷的频率响应，然后利用插值算法计算在所需的分量频率位置的频率响应，最后输入通过式(5.11)进行预处理。图 5.2 给出了整体的控制策略。对于慢速轴，阶梯信号直接施加到补偿后的压电陶瓷作动器。

5.1.2 三角波跟踪性能分析

将峰-峰值为 5V 的三角波信号作为期望轨迹。采用前几个谐波项进行近似，通过测量得到的补偿后压电陶瓷的频率响应进行预处理，然后施加逆迟滞模型，从而获得所需的压电陶瓷的驱动信号。这个过程可以在上位机离线进行，然后驱动信号下载到目标机并施加到压电陶瓷作动器在线执行。

图 5.4 给出采用前 5 阶奇次谐波(三角波信号的偶次谐波为零，见式 (5.1))近似 100Hz 三角波信号期望轨迹时的跟踪结果。可以看到，预处理后轨迹的峰-峰值要比期望轨迹的峰-峰值大，原因在于迟滞补偿后的压电陶瓷作动器在 100Hz 三角波信号所对应的分量频率位置的系统增益小于 1，如图 4.16 所示。同时，由于迟滞补偿后压电陶瓷在上述分量频率位置存在相位滞后，预处理的轨迹向前进行了平移。在轨迹预处理和迟滞补偿的共同作用下，压电陶瓷的输出位移紧密地跟踪了期望轨迹。最大跟踪误差小于 0.15μm，正则均方根误差为 0.97%。

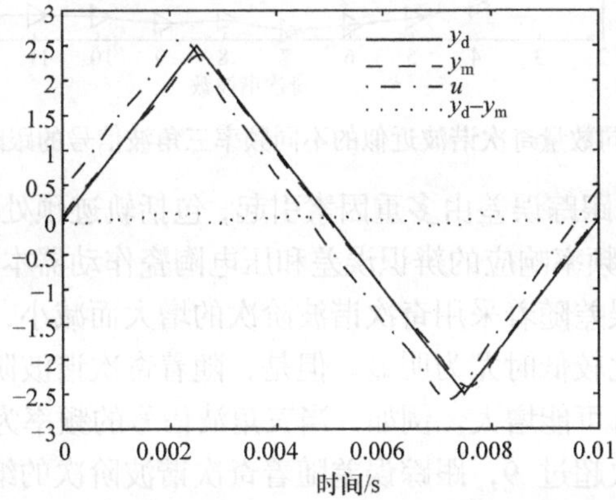

图 5.4　采用前 5 阶奇次谐波近似 100Hz 三角波信号时的期望轨迹(y_d)、测量输出(y_m)、预处理输入(u)和跟踪误差 ($y_d - y_m$)

更多的实验结果如图 5.5 所示，包括具有不同频率和谐波数的三角波期望位移信号。在相同谐波数的情况下，跟踪误差随着扫描频率的增加而增加。在频率小于 250Hz 时，跟踪误差不大于 1.5%。如果采用前 5 阶奇次谐波，在频率直到 500Hz 都可以获得跟踪误差小于 1.5%的优异跟踪效果。

在文献[14]中报道了小于 1%跟踪误差的情况，但是其跟踪频率只到 0.5Hz。在文献[60]中给出了对 600Hz 信号实现正则均方根误差为 1.76%的跟踪结果，但是文献中采用的是复杂的前馈反馈综合控制结构。而且，500Hz 的三角波信号的分量频率实际上远高于 600Hz，第 5 阶奇次谐波的频率达到 4500Hz。

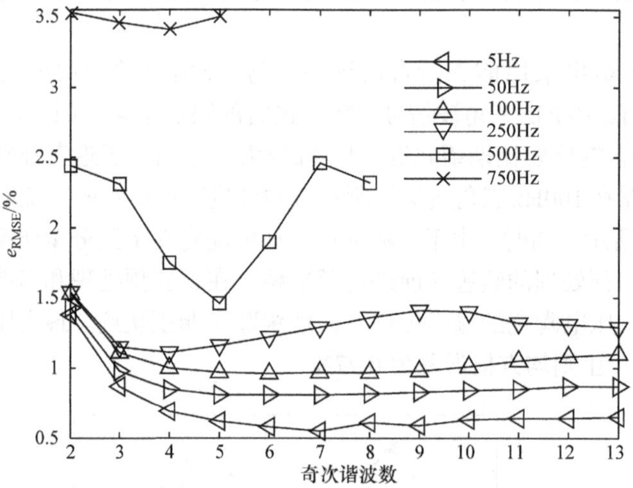

图 5.5　不同数量奇次谐波近似的不同频率三角波信号的跟踪均方根误差

分析表明，跟踪误差由多重因素引起，包括轨迹预处理时的截断误差、迟滞建模误差、频率响应的辨识误差和压电陶瓷作动器本身的不确定性等。直观上，截断误差随着采用奇次谐波阶次的增大而减小，这一趋势在采用奇次谐波阶次比较低时尤为明显。但是，随着奇次谐波阶次的继续增大，跟踪误差反而有可能增大。例如，当三角波信号的频率为 100Hz 时，如果奇次谐波的阶次超过 9，跟踪误差随着奇次谐波阶次的继续增大而增大。同样的现象在三角波信号频率为 250Hz、奇次谐波数量在 4～10 的情况下也可以看到。其原因在于，随着谐波数量的增大，新增的奇次谐波会引入高频时压电陶瓷的不确定性，从而造成跟踪误差的增大。而从式(5.1)来看，增加谐波阶数带来的误差减小量是平方递减的，即与 $1/k^2$ 成比例。因此，引进不确定性造成误差增大可能超出了增加谐波带来的误差减小，从而造成跟踪误差的整体增大。因此，谐波阶次的选择应当基于三角波信号的基本频率和补偿后压电陶瓷的频率响应。一般来讲，如果基本频率比较低，可以采用较高的谐波阶次；但是，如果基本频率很高，应该采用较低的谐波阶次。

5.1.3　阶梯信号跟踪分析

由于分量频率比较低，如图 5.3(b)所示，阶梯信号直接施加到补偿后的压电陶瓷。期望的阶梯信号需要采用 50 步覆盖 5V 行程，每步持续 0.02s。此时，对应快速轴的扫描频率为 50Hz。图 5.6 给出跟踪误差，其中右下角给出放大的局部示意图。压电陶瓷的输出位移很好地跟踪了期望信号，正则均方根误差为 $e_{\text{RMSE}} = 0.36\%$。最大跟踪误差出现在方向切换的位置。实际上，在扫描应用中，每步的前半个周期扫描过程中，快速轴移动回来，并不记录内容。相对而言，后半周期扫描的跟踪误差更为重要。将后半周期的误差表示为 $\bar{e}$，其正则均方根误差为 $\bar{e}_{\text{RMSE}} = 0.26\%$，最大误差为 $\bar{e}_{\text{NE}} = 0.52\%$。

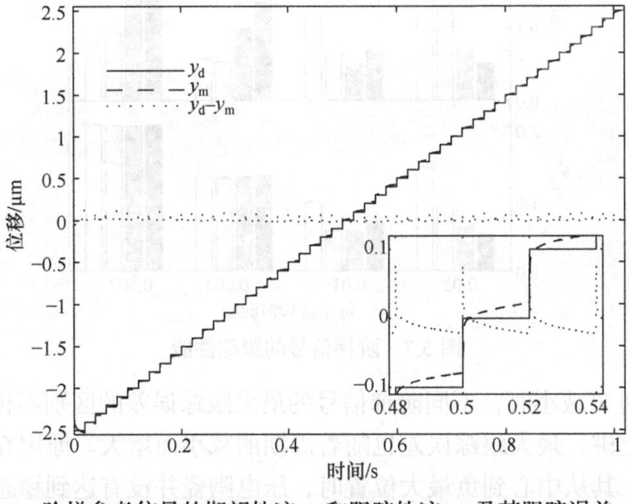

图 5.6　阶梯参考信号的期望轨迹 y_d 和跟踪轨迹 y_m 及其跟踪误差 y_d-y_m

更多地采用不同参数的阶梯信号的跟踪结果如图 5.7 所示。对于 5V 的行程，采用了四种阶梯数量(n=50、100、250 和 500)和四种周期(T=0.002s、0.004s、0.01s 和 0.02s)。结果表明，最优性能发生在阶梯信号总时间约等于 1 时，即 $nT \approx 1\text{s}$。其他情况下，跟踪误差都会增加。其原因在于，在这个时间尺度上，蠕变现象与辨识所采用信号包含的蠕变成分相近，因此逆模型补偿将其影响最小化。如果时间尺度不同于辨识信号的时间尺度，蠕变现象不能被辨识的逆模型抑制，导致跟踪误差的增大。

阶梯信号步数的选择不仅需要考虑所需要的分辨率，而且需要考虑快速轴的扫描频率。在给定扫描频率时，每步所持续的时间是确定的，此时，存在一个最优的步数，如图 5.7 所示。增大或者减小步数 n 都会造成跟踪误差的增大，甚至导致 $\overline{e}_{\mathrm{RMSE}} > 1/n$，即正则均方根误差大于每步的步长。

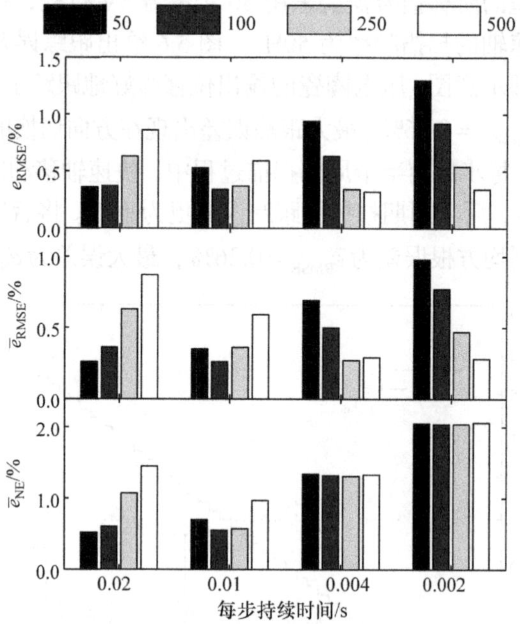

图 5.7　阶梯信号的跟踪性能

当周期 T 减小时，不同阶梯信号的最大跟踪误差的区别不再明显。从平均意义上讲，最大跟踪误差也随着周期的减小而增大。原因在于，当周期比较小，其从中心到负最大位置时，压电陶瓷并没有达到稳态，最大误差发生在该转折处，从图 5.8 的局部放大图中可以看到这一点。在这种情况下，采用斜坡信号替代阶跃信号将压电陶瓷驱动到初始位置，或者忽略前几步的扫描，可以解决上述问题。

一般而言，慢速轴的跟踪性能要明显优于快速轴的。上述的分析验证中，快速轴和慢速轴分开进行，没有考虑两轴的耦合影响。实际中，两轴耦合在一起，可能相互影响。因此，上述算法还有待于在真实的二维扫描系统中进行验证。

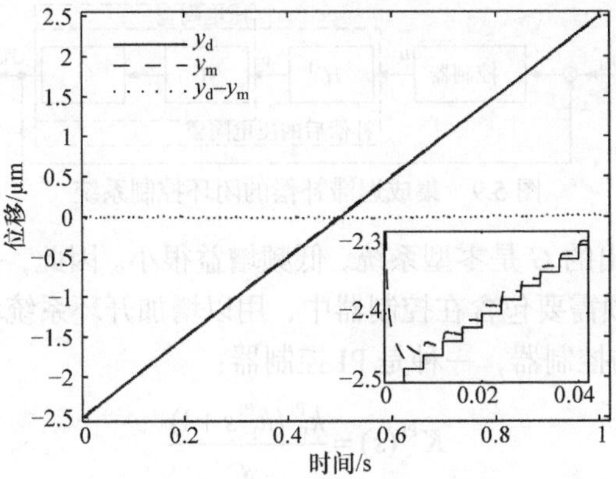

图 5.8　对 250 步、每步持续 0.004s 的阶梯信号的跟踪性能

5.2 反馈矫正

正如前面分析，前馈控制器无法处理噪声、扰动和建模误差，同时由于温度效应、老化等，模型参数也会发生变化。为了实现高精度的鲁棒性能，需要采用闭环实现。这一部分基于前面分析，给出一种新的闭环控制结构。

5.2.1　控制器设计

本节所提出的控制结构中将迟滞补偿集成到反馈控制器中。如图 5.9 所示，采用麦克斯韦逆模型补偿迟滞，并设计线性控制器改善定位精度。正如前面分析，采用麦克斯韦逆模型补偿迟滞后的压电陶瓷作动器的频率响应可以直接通过实验在很宽的频带范围内测量。与采用小幅值信号激励压电陶瓷进行测量相比，迟滞效应被充分而完整地考虑，并在辨识线性系统过程中被最小化。这使得对于采用麦克斯韦逆模型进行迟滞补偿的系统，可以采用简单的控制器设计，如比例积分(proportional integral，PI)控制器和比例双积分超前矫正(proportional double integral plus lead compensation，PII&L)控制器，即能够达到出色的效果。同时，由于麦克斯韦模型是与速度无关和准静态的，迟滞补偿没有造成压电陶瓷微纳米跟踪定位系统带宽的损失，使得 PI 和 PII&L 控制器能够实现一个高带宽。通过将迟滞补偿误差和未建模动态考虑为模型不确定性，保证系统的稳定性。一些复杂的控制器也可以应用到这种控制结构上来获得更好的性能。

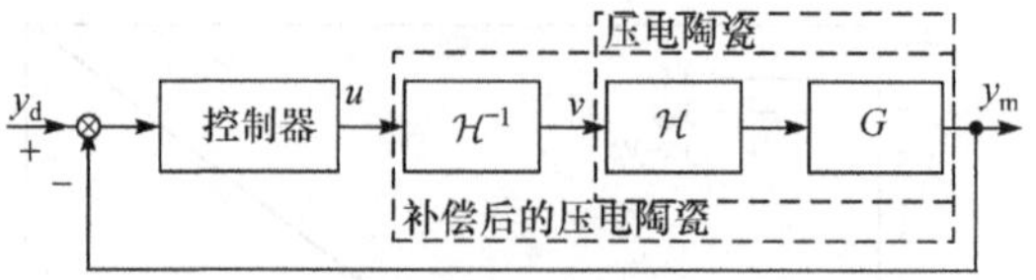

图 5.9 集成迟滞补偿的闭环控制系统

式(4.60)给出的 G 是零型系统，低频增益很小。因此，一个高增益的比例项和/或积分项需要包含在控制器中，用以增加开环系统增益。这里考虑两种比较简单的控制器，一种是 PI 控制器：

$$K^{\mathrm{PI}}(s)=\frac{k_{\mathrm{P}}^{\mathrm{PI}}(k_{\mathrm{I}}^{\mathrm{PI}}s+1)}{s} \tag{5.13}$$

另一种是比例双积分(proportional double integral，PII)控制器。由于存在双积分项，低频导致开环的相位接近 $-180°$，那么系统的相角裕度比较小，会导致较大的超调或振荡。为了提高系统的相角裕度，这里引进一个超前矫正环节，从而得到 PII&L 控制器：

$$K^{\mathrm{PII\&L}}(s)=\frac{k_{\mathrm{P}}^{\mathrm{PII\&L}}(k_{\mathrm{I}}^{\mathrm{PII\&L}}s+1)}{s^2}\cdot\frac{\tau_a s+1}{\tau_b s+1} \tag{5.14}$$

基于式(4.60)给出的名义系统，控制器的参数通过以下两步进行设计。首先，初始参数通过频率响应进行选择，即通过伯德图选择。两个控制器的比例系数和积分系数选择使得开环系统具有足够大的穿越频率并保证系统的稳定。超前矫正环节的参数选择增加了相角裕度，同时 τ_a 足够大，以减小对低频性能的影响。然后，这些参数通过最小化时间加权绝对误差(integral of time-weighted absolute error，ITAE)来进行优化。

$$\mathcal{J}=\int_0^{t_{\mathrm{f}}} t\,|e(t)|\,\mathrm{d}t \tag{5.15}$$

式中，t_{f}——一个足够长的时间；

$e(t)$——阶跃响应的跟踪误差。

把迟滞补偿误差和未建模动态作为乘性不确定性，闭环控制系统结构图如图 5.10 所示。系统鲁棒稳定性由下述引理给出。

引理 5.1 考虑图 5.10 给出的系统，假设 K 是名义系统 G 的一个稳定控制器，那么，当且仅当 $\|WT\|_\infty\leqslant 1$ 时，闭环系统对于所有满足 $\|\Delta\|_\infty<1$ 的 $\Delta\in\mathcal{RH}_\infty$ 是适定和内稳定的，其中，$T=\dfrac{GK}{1+GK}$ 是补灵敏度函数。

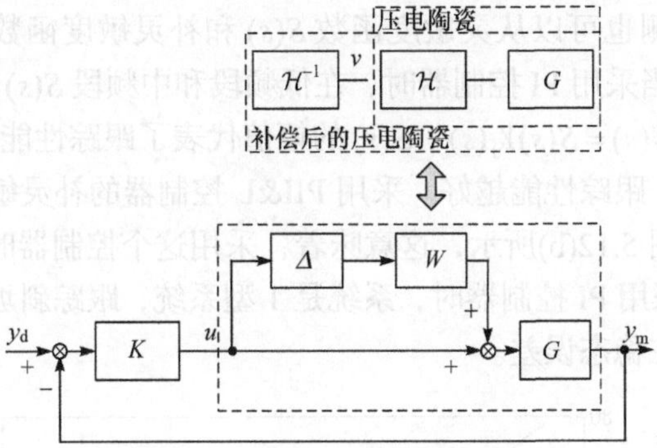

图 5.10　闭环控制系统结构图

采用小增益定理，该引理的证明与文献[90]中的定理 8.5 类似。

基于图 4.16 和图 4.17 的频率响应，对式(4.65)的参数进行了辨识并在表 5.1 中给出。采用前面给出的参数选择方法，对 PI 和 PII&L 控制器的参数进行了设计，也在表 5.1 中给出。

表 5.1　辨识得到的传函系数和控制器设计参数

参数	数值	参数	数值
ζ_1	0.632	ζ_2	0.113
ω_1	1.529×10^4	ω_2	4.573×10^4
b_1	-3.470×10^4	b_2	1.193×10^9
τ	1.5997×10^{-4}	k	2.531×10^{12}
k_P^{PI}	2.63×10^3	k_I^{PI}	9.1×10^{-3}
$k_P^{PII\&L}$	1.15×10^6	$k_I^{PII\&L}$	1.6×10^{-3}
τ_a	3×10^{-4}	τ_b	1×10^{-4}

如图 5.11 所示，在低频时，如 $f<90\text{Hz}$，PII&L 控制器的开环增益比 PI 控制器的要大得多。然而，在中频带，如 $90\text{Hz}<f<500\text{Hz}$，PII&L 控制器的开环增益略小。PI 控制器的穿越频率、相角裕度和增益裕度分别是 396Hz、64.2°和 14.3dB，比 PII&L 控制器高，PII&L 控制器的分别为 332Hz、61.1°和 11.1dB。基于上述事实，可以预计 PI 控制器可以实现快速响应和低超调。但是，在低频段，增益较小会导致阶跃响应的稳态误差或者跟踪

误差。上述预测也可以从灵敏度函数 $S(s)$ 和补灵敏度函数 $T(s)$ 得到，如图 5.12 所示。当采用 PI 控制器时，在低频段和中频段 $S(s)$ 的幅值比较小。由于跟踪误差 $E(s)=S(s)Y_d(s)$，$S(s)$ 的幅值代表了跟踪性能——幅值越小，跟踪误差越小，跟踪性能越好。采用 PII&L 控制器的补灵敏度函数 $T(s)$ 的峰值较大，如图 5.12(b)所示，这意味着，采用这个控制器时会有较大的超调。但是，当采用 PI 控制器时，系统是 1 型系统，跟踪斜坡信号或者三角波信号时会存在稳态误差。

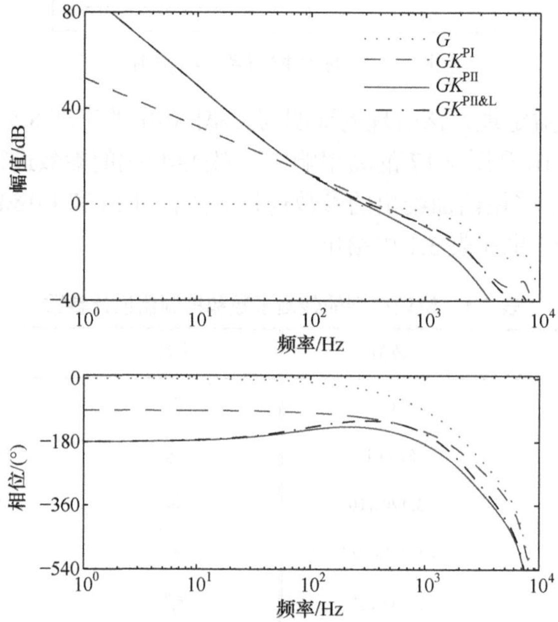

图 5.11　开环频率响应

不采用超前矫正的 PII 控制器的频率响应如图 5.11 所示。超前矫正环节在低频时影响很小，但是将相角裕度从 42.4° 增加到 61.1°，穿越频率也从 294Hz 提高到了 332Hz，其代价是将增益裕度从 12.6dB 降低到了 11.1dB。但是，如果必需，增益裕度可以通过稍微减小控制器的静态增益来提高。后面的分析和实验表明 11.1dB 的增益裕度对于保证系统的鲁棒性是足够的。

灵敏度函数 $S(s)$ 和补灵敏度函数 $T(s)$ 以及实验得到的结果，如图 5.12 所示。这表明，直到频率为 200Hz 系统都具有很好的跟踪性能，而且系统的跟踪性能可以精确地通过设计结果进行预测。这也验证了采用麦克斯韦模型对迟滞进行建模和线性化的有效性。因此，采用所给出的控制器结构，可以轻松地实现对控制器的修改和对系统性能的验证。

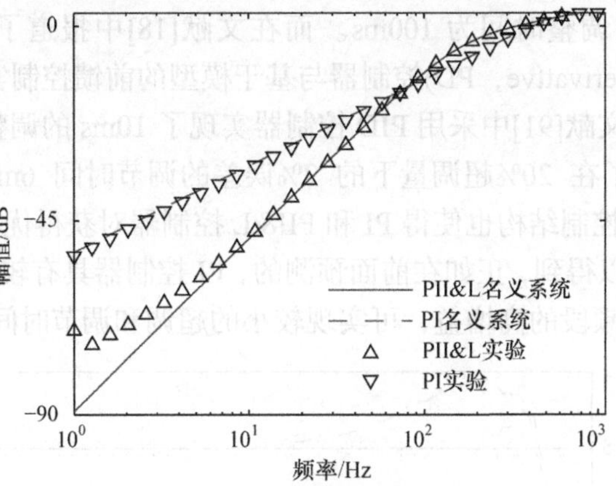

(a) 灵敏度函数

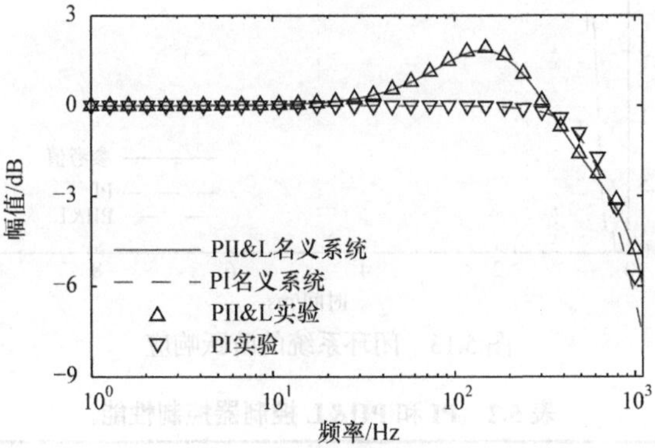

(b) 补灵敏度函数

图 5.12　名义系统和实验得到的灵敏度函数和补灵敏度函数

记 $G_m(i\omega)$ 为测量得到的补偿后压电陶瓷作动器的频率响应，乘性不确定性如式(4.62)所示。进行计算并在图 4.18 中显示。其中，实验条件为直流偏置：−1.5～1.5V，幅值：0.5～2.5V。不确定边界的选择如式(4.64)所示。因此，可以计算得到，对于 PII&L 控制器，$\|W(s)T(s)\|_\infty = 0.212$，对于 PI 控制器，$\|W(s)T(s)\|_\infty = 0.187$。那么，根据引理 5.1，两个控制器都能够保证鲁棒稳定性。

5.2.2 仿真分析

闭环系统的阶跃响应如图 5.13 所示，相关性能在表 5.2 中给出。在文献[72]的图 4 中，采用模型预测积分离散滑模控制，对开环带宽为 100Hz 的压电陶瓷实现了调整时间为 100ms。而在文献[18]中报道了采用比例微分(proportional derivattve，PD)控制器与基于模型的前馈控制实现了 20ms 的调整时间。在文献[91]中采用 PID 控制器实现了 10ms 的调整时间。而在文献[66]中实现了在 20%超调量下的 2%误差的调节时间 6ms。这些结果表明，所给出的控制结构也使得 PI 和 PII&L 控制器对获得优异的跟踪响应。同时，对比可以得到，正如在前面预测的，PI 控制器具有较大的相角裕度、穿越频率和中频段的高增益，可实现较小的超调和调节时间。

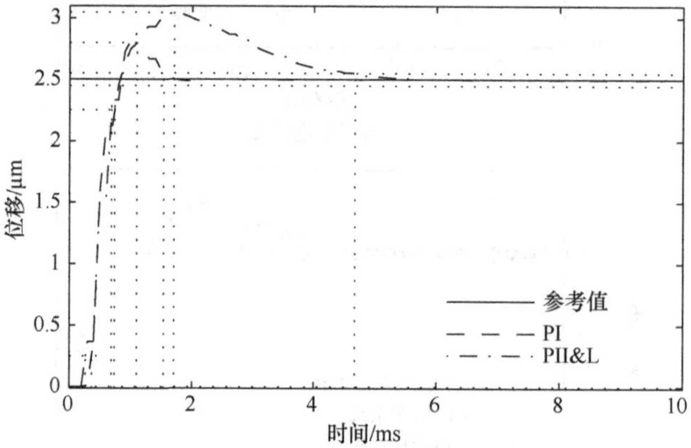

图 5.13　闭环系统的阶跃响应

表 5.2　PI 和 PII&L 控制器控制性能

控制器	上升时间/ms	峰值时间/ms	超调量/%	2%误差的调节时间/ms
PI	0.4	1.1	12	1.5
PII&L	0.4	1.7	22	4.7

图 5.14(a)给出对一个具有 100 步的阶梯信号中一步的响应性能。每步幅值为 50nm，持续 0.01s。PI 控制器在每步 70%的范围内保证了 −1.5 ～ 0.5nm 的跟踪误差，稳态跟踪误差的均值为 0.5nm。PII&L 控制器实现了 50%区域内 ±1nm 的跟踪误差，没有稳态误差。实际上，在开环系统的输出位移中，传感器噪声、A/D 噪声和驱动放大器噪声等在 ±1nm 左右。而在典

型的扫描应用中，在每步阶梯中，前半个周期，快速轴向后移动回来，并不记录信息。这种情况下，PII&L 控制器相对于 PI 控制器具有优势。采用更精细阶梯信号为激励信号的跟踪结果如图 5.14 所示。可以看到，1nm 阶梯幅值可以被区分出来，这表明两个控制器定位的分辨率都优于 1nm，这比文献[73]中的 50nm 要小得多。

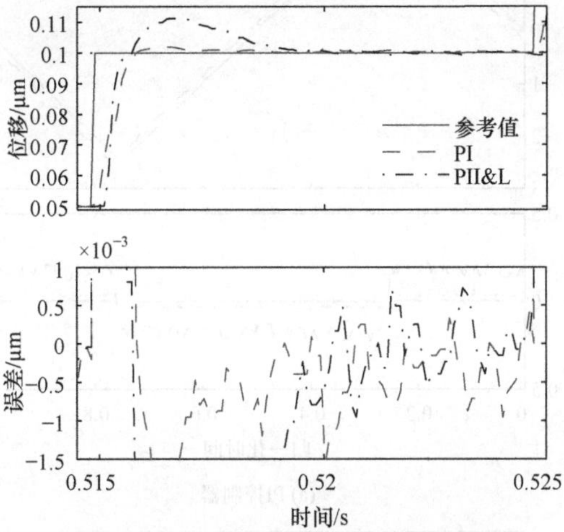

(a) 对100步、单步持续0.05μm阶梯信号的响应

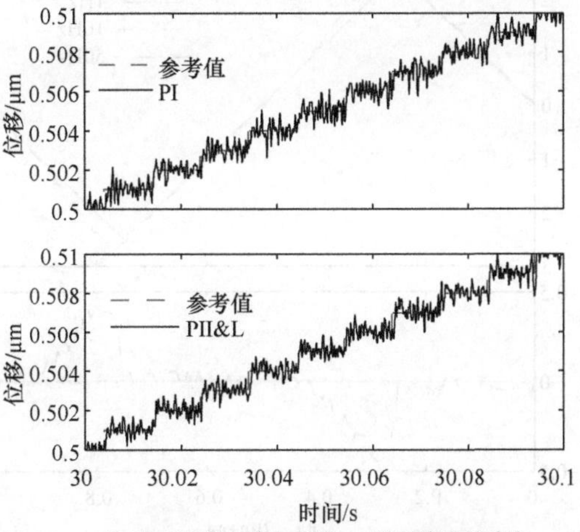

(b) 对5000步、单步持续1nm阶梯信号的响应

图 5.14　阶梯信号实验结果

跟踪三角波信号的响应情况如图 5.15 所示，正如前面所述，PI 控制器

存在稳态误差。当三角波信号的周期为 1Hz、10Hz 和 50Hz 时，对应的稳态误差分别为 3.5nm、35nm 和 180nm。而当采用 PII&L 控制器时，没有稳

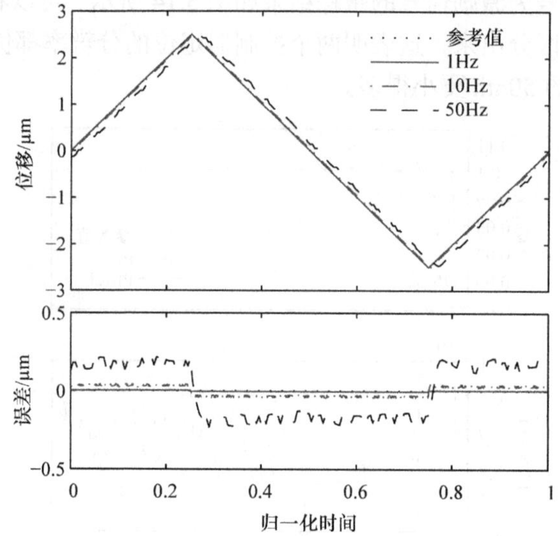

(a) PI控制器

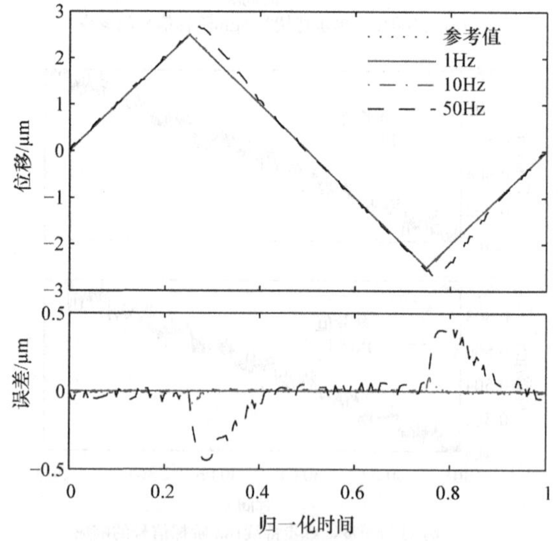

(b) PII&L控制器

图 5.15 对三角波信号的响应

态误差。但是由于中频增益和穿越频率较小，三角波转折点的跟踪误差随着频率增加。当三角波的周期为 1Hz、10Hz 和 50Hz 时，转折点的过渡过程和最大误差分别为 3.5ms(半个周期的 0.7%)、9nm、4ms(半个周期的 8%)、90nm、3.5ms(半个周期的 35%)和 430nm。如果只是在快速轴前向扫描时记录数据，并且只有相对误差比较关心，那么 PI 控制器更具有优势。

采用 1μm 的正弦激励信号，频率对数分布在 1～1000Hz，这里最大的频率受限于最小的采样时间，即 0.05ms。跟踪误差和输出位移如图 5.12 所示，很好地预测了系统的性能。这表明了迟滞建模和补偿的有效性，同时证明了所提出的控制结构的有效性。因此，利用所给出的控制框架，可以很简单、快速地通过修改控制器来预测系统性能。根据这组实验得到闭环系统的带宽约为 700Hz。

跟踪随机信号的结果如图 5.16 所示。参考信号利用一个带宽受限的白噪声通过一个截止频率为 20Hz 的一阶系统来获得。输出位移很好地跟踪了期望信号，PI 和 PII&L 控制器的均方根误差分别为 65.3nm 和 73.6nm。

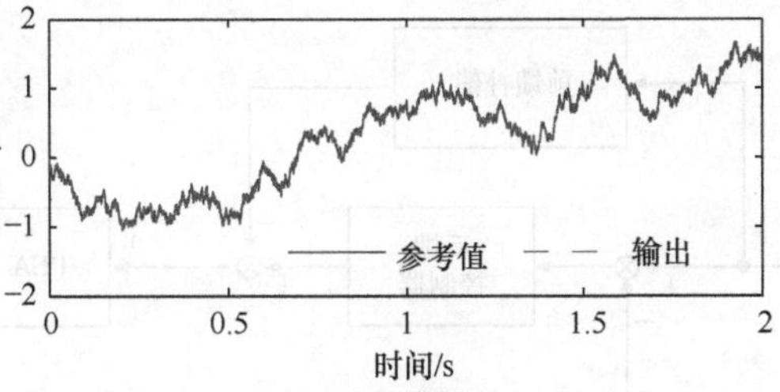

(a) PI控制器

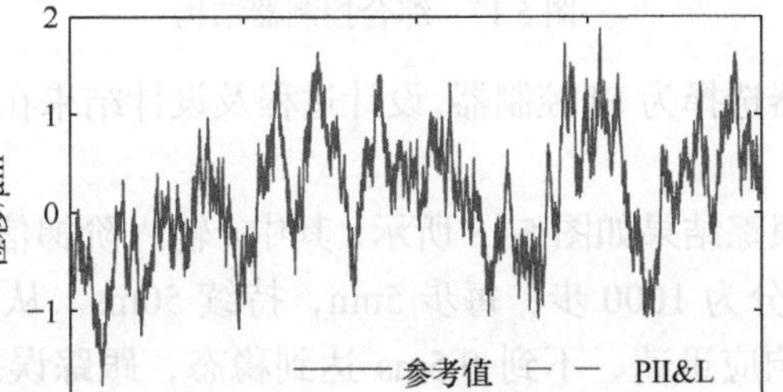

(b) PII&L控制器

图 5.16　对随机信号的响应

5.3 综合控制器设计

本节针对高速的三角波扫描应用给出一种迟滞线性化、前馈补偿和反馈综合的控制器，如图 5.17 所示。通常反馈控制器直接针对压电陶瓷作动器进行设计[63-72]。接着，采用前馈补偿来增强系统的性能。在这一部分的控制器设计中，压电陶瓷定位系统首先通过迟滞补偿进行线性化，移除增益对输入信号幅值的依赖。其中，采用麦克斯韦模型实现迟滞的建模和补偿。然后，针对补偿后的压电陶瓷跟踪定位系统设计反馈控制器来抑制补偿的误差和模型的不确定性。由于补偿后的系统线性度比较好，反馈控制器可以采用比较简单的形式。最后，基于补偿后压电陶瓷的频率响应，采用逆动力学的方法设计前馈控制器对输入信号进行预处理，用于抑制系统的动态效应，来提高系统的带宽，提高系统对高频三角波信号的响应性能。

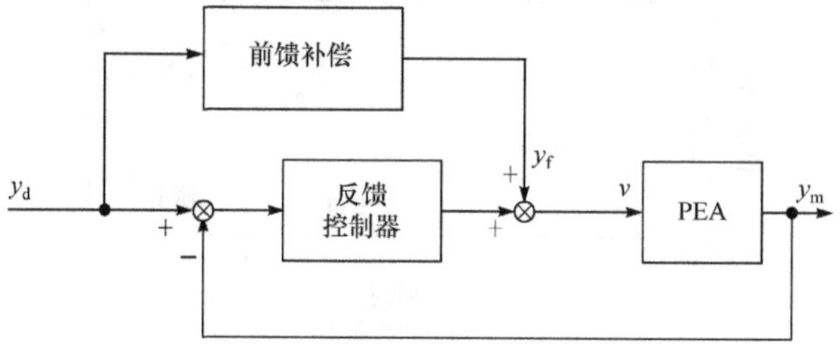

图 5.17　综合控制器结构

闭环控制器选择为 PI 控制器，设计过程及设计结果在 5.2 节中已给出，这里不再重复。

阶梯信号跟踪结果如图 5.18 所示。其中，输入阶梯信号覆盖的行程为 −2.5～2.5μm，分为 1000 步，每步 5nm，持续 50ms。从图 5.18 中可以看到，压电陶瓷响应迅速，不到 0.5ms 达到稳态，跟踪误差小于±1.5nm，与传感器的测量噪声在同一量级。图 5.19 中给出跟踪一个随机信号时的误差。随机信号通过白噪声产生，并通过一个截止频率为 1Hz 的一阶环节。压电陶瓷的输出位移很好地跟踪期望信号，正则均方根误差为 0.72%。

从图 5.19 可以看到，闭环反馈控制器(PI 控制器)可以实现精确的跟踪。但是，由于带宽的限制，在跟踪高频信号时，存在较大的相位滞后和幅值衰减。这主要是由于驱动放大器带宽的限制和压电陶瓷定位系统低阻尼的振荡。因此，在跟踪基本频率高的三角波信号时，闭环系统的性能是不足的。采用主动阻尼控制器可以改善跟踪带宽[2,13,91,92]。

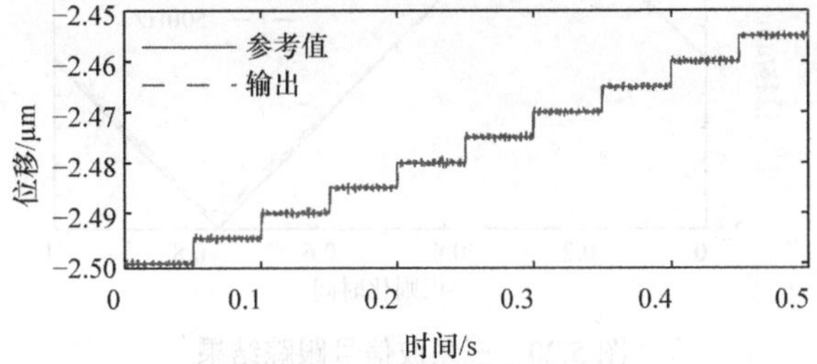

图 5.18　阶梯信号跟踪结果

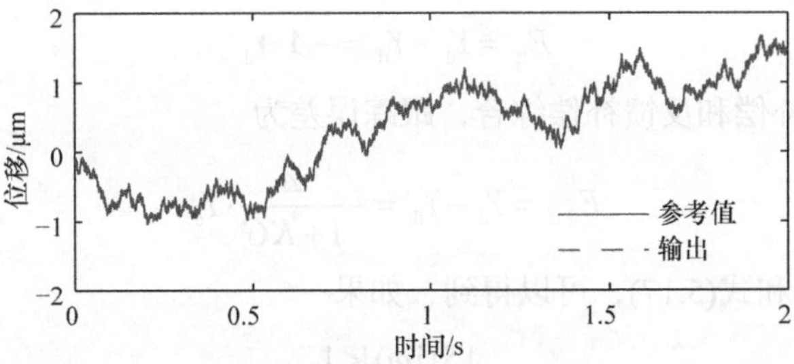

图 5.19　随机信号的跟踪结果

本书采用前馈补偿来改善在高频时的跟踪性能，由于所提出的前馈控制器采用了傅里叶变换，当输入信号具有周期性时，前馈补偿很容易实现。对于其他形式的输入信号，可以采用线性系统的最优逆系统来替代前馈控制器。前馈信号的计算方式前面已经说明，这里不再重复。

图 5.20 比较了输入信号为 50Hz、200Hz 和 500Hz 三角波信号时的跟踪情况。可见压电陶瓷的输出都很好地跟踪了期望输出，正则均方根误差分别为 1.2%、1.84%和 2.19%。最大跟踪误差出现在三角波信号的顶点位置，主要由谐波截断对高频动力学的忽略导致。跟踪误差随着频率的增加而增加，但仍然可以接受。

如图 5.17 所示，前馈补偿直接加到闭环内。前馈回路获得一个快速输入，且不受闭环带宽的影响。因此，在增加前馈回路后，系统的响应速度会变得更快。另外，闭环反馈控制器可以减小由噪声、不确定性和扰动造成的误差。

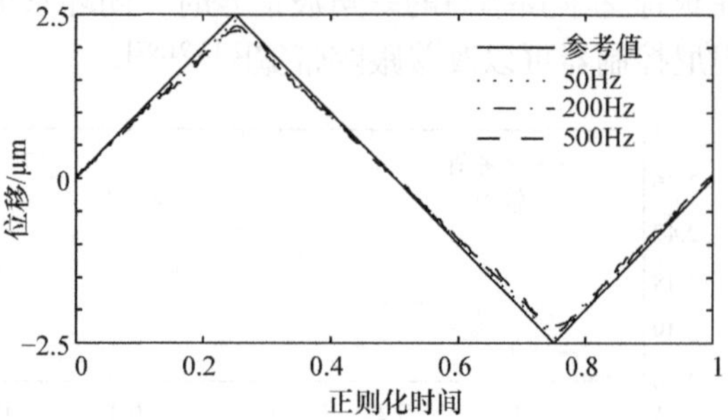

图 5.20　三角波信号跟踪结果

实际上，如果只采用前馈补偿，跟踪误差由式(5.16)给出：

$$E_{\mathrm{ff}} = Y_{\mathrm{d}} - Y_{\mathrm{ff}} = -\Delta \cdot Y_{\mathrm{d}} \tag{5.16}$$

而采用前馈补偿和反馈补偿综合，跟踪误差为

$$E_{\mathrm{fbff}} = Y_{\mathrm{d}} - Y_{\mathrm{fb}} = -\frac{\Delta}{1+KG} \cdot Y_{\mathrm{d}} \tag{5.17}$$

比较式(5.16)和式(5.17)，可以得到，如果

$$|S(\mathrm{i}\omega)| < 1 \tag{5.18}$$

那么

$$|E_{\mathrm{fbff}}(\mathrm{i}\omega)| < |E_{\mathrm{ff}}(\mathrm{i}\omega)| \tag{5.19}$$

其中，灵敏度函数为

$$S = \frac{1}{1+KG} \tag{5.20}$$

上述分析表明，在反馈回路灵敏度函数的幅值小于 1 的条件下，反馈回路可以提高系统性能。式(5.18)称为反馈优势条件(feedback acceptable condition)。如果式(5.20)中的 G 用名义对象 G_0 替代，式(5.18)得到的频率近似为 425Hz。通过给只采用前馈和前馈与反馈综合的系统施加幅值为 0.5μm 的不同频率的正弦信号，图 5.21 给出两者的正则均方根误差。当输入频率小于 450Hz 时，反馈回路提高了系统的跟踪精度，但当输入频率高于 500Hz

时，反馈回路反而造成跟踪误差的增加。上述实验结果验证了式(5.18)给出的反馈优势条件的正确性。但是，由于实际系统中不确定性、噪声和扰动等因素的影响，反馈优势条件并不是一个确定的数值，而会随着应用条件的变化而变化。通过施加不同幅值的信号，表 5.3 给出反馈优势条件对应的频率，在该频率下，前馈补偿和前馈与反馈综合具有相似的跟踪性能。

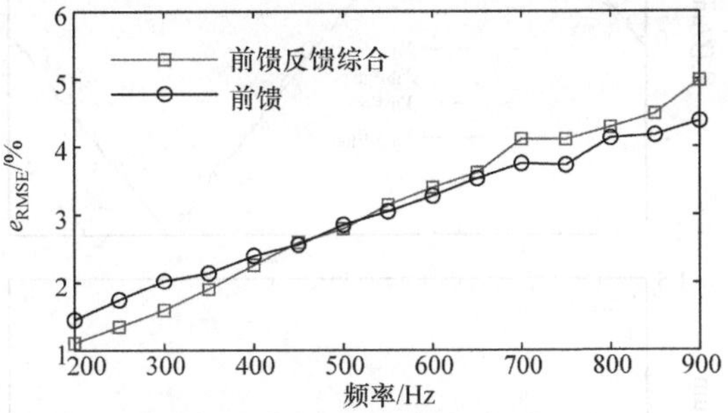

图 5.21　反馈优势条件对应的频率

表 5.3　反馈优势条件

幅值/μm	频率/Hz
0.5	450~500
1.0	850~550
1.5	650~750
2.0	650
2.5	550

当采用 300Hz 的三角波输入信号时，反馈控制、前馈补偿和前馈反馈综合的跟踪误差如图 5.22 所示。在实验中，采用了前 9 阶谐波信号来计算前馈输入。当单独采用反馈补偿时，PI 控制器在高频时的相位滞后和增益降低导致了较大的跟踪误差。在采用前馈补偿和前馈与反馈综合时，系统具有较快的响应速度和较小的跟踪误差，正则均方根误差在表 5.4 中给出，最大误差分别为 0.22μm 和 0.12μm。由此可见，反馈控制器提高了系统的跟踪精度。更多在不同条件下的实验结果也在表 5.4 中给出。跟踪误差随着频率的增加呈现出增加的趋势，这主要是由于在高频时不确定性增加。整体来讲，系统对不同幅值的信号具有鲁棒性。但是，反馈回路并不总是

改善系统的性能。当系统输入信号的频率比较大时，前馈与反馈综合的控制器反而造成了系统性能的下降，跟踪误差大于只采用前馈补偿控制器时的跟踪误差。实际上，此时的频率已经超出闭环控制器的带宽。

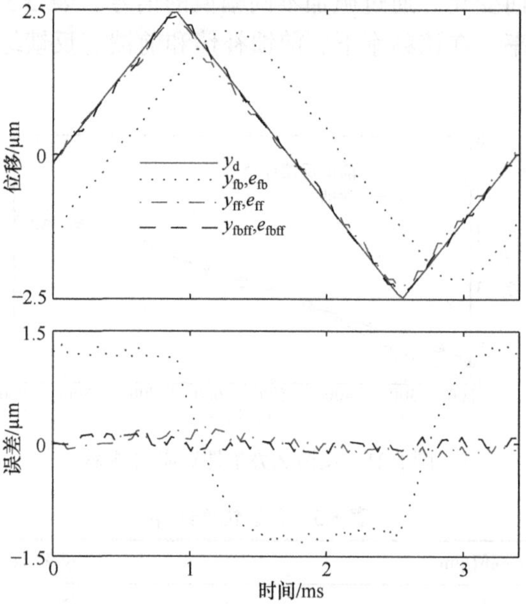

图 5.22　三角波信号跟踪响应

表 5.4　三角波跟踪正则均方根误差　　(单位：%)

频率	补偿类型	幅值				
		0.5μm	1.0μm	1.5μm	2.0μm	2.5μm
300Hz	FF	1.85	1.99	2.10	2.10	2.19
	FBFF	1.45	1.23	1.19	1.22	1.29
400Hz	FF	2.49	2.39	2.46	2.51	2.63
	FBFF	2.07	1.81	1.72	1.70	1.79
500Hz	FF	2.30	2.65	2.78	2.71	2.63
	FBFF	2.79	2.18	2.03	2.07	2.18
600Hz	FF	3.12	2.81	2.71	2.62	2.57
	FBFF	3.10	2.45	2.31	2.47	3.43
700Hz	FF	3.18	2.99	2.69	3.05	4.12
	FBFF	3.50	2.94	2.73	4.26	8.75
800Hz	FF	3.71	3.32	3.02	4.39	8.70
	FBFF	4.03	3.44	4.20	9.73	10.2

通过迟滞补偿可以有效地对压电陶瓷跟踪定位系统进行线性化。这降低了前馈补偿控制和闭环反馈控制的设计难度，可以采用简单的控制器进行设计。单独的前馈补偿控制器可以提高系统的响应速度，但是很难对未建模误差、不确定性和扰动等因素进行补偿。在低频段，单独反馈控制器可以达到不错的性能前馈补偿和反馈控制的综合，相比于单独采用前馈补偿或者反馈控制，可以在高频段获得优越的跟踪效果。然而，反馈回路并不总是改善系统的响应性能。当输入信号的频率足够高时，反馈回路由于带宽的限制，可能恶化系统的性能。此时，单独采用前馈补偿是一种更好的选择。由于系统中存在不确定性，找不到一个固定的频率值，使得高于这个频率时系统只采用前馈补偿就能够获得较好的跟踪效果，因此需要通过实验来确定反馈优势条件。同时，输入谐波信号阶次的截断也带来了误差。增加输入谐波信号阶次，可以减小截断带来的误差，但也同样会由于模型在高频时的不确定性，新增加的高频阶次带来新的误差。而增加截断阶次带来的误差减小会随着阶次的增加变得不再明显，如式(5.1)所示，但是系统的不确定性却随着频率的增加显著增加，如图 4.18 所示。因此，新增加的高频谐波引起的误差可能会超出它带来的误差减小量，增加阶段阶次并不总是引起跟踪误差的减小[39]，具体所需的阶次需要通过实验来确定。

参 考 文 献

[1] Tzou H S, Lee H J, Arnold S M. Smart materials, precision sensors/actuators, smart structures, and structronic systems. Mechanics of Advanced Materials and Structures, 2004, 11(4-5): 367-393.

[2] Devasia S, Eleftheriou E, Moheimani S R. A survey of control issues in nanopositioning. IEEE Transactions on Control Systems Technology, 2007, 15(5): 802-823.

[3] Yong Y K, Moheimani S O R, Kenton B J, et al. Invited review article: High-speed flexure-guided nanopositioning: Mechanical design and control issues. Review of Scientific Instruments, 2012, 83(12): 121101.

[4] 阎瑾瑜. 压电效应及其在材料方面的应用. 数字技术与应用, 2011, (1): 100-101.

[5] 胡南, 刘雪宁, 杨治中. 聚合物压电智能材料研究新进展. 高分子通报, 2004, (5): 75-82.

[6] Geng X, Zhang Q M. Evaluation of piezocomposites for ultrasonic transducer applications influence of the unit cell dimensions and the properties of constituents on the performance of 2-2 piezocomposites. IEEE Transactions on Ultrasonics Ferroelectrics & Frequency Control, 1997, 44(4): 857-872.

[7] Goldfarb M, Celanovic N. Modeling piezoelectric stack actuators for control of micromanipulation. IEEE Transaction on Control Systems Technology, 1997, 17(3): 69-79.

[8] Adriaens H J M T S, de Koning W L, Banning R. Modeling piezoelectric actuators. IEEE/ASME Transactions on Mechatronics, 2000, 5(4): 331-341.

[9] Minase J, Lu T F, Cazzolato B, et al. A review, supported by experimental results, of voltage, charge and capacitor insertion method for driving piezoelectric actuators. Precision Engineering, 2010, 34(4): 692-700.

[10] Moheimani S O R. Invited review article: Accurate and fast nanopositioning with piezoelectric tube scanners: Emerging trends and future challenges. Review of Scientific Instruments, 2008, 79(7): 071101.

[11] Leang K, Zou Q, Devasia S. Feedforward control of piezoactuators in atomic force microscope systems. IEEE Control Systems, 2009, 29(1): 70-82.

[12] Clayton G M, Tien S, Fleming A J, et al. Inverse-feedforward of charge-controlled piezopositioners. Mechatronics, 2008, 18(5-6): 273-281.

[13] Clayton G M, Tien S, Leang K K, et al. A review of feedforward control approaches in nanopositioning for high-speed spm. Journal of Dynamic Systems, Measurement, and Control, 2009, 131(6): 061101.

[14] Gu G, Yang M, Zhu L. Real-time inverse hysteresis compensation of piezoelectric actuators with a modified prandtl-ishlinskii model. Review of Scientific Instruments, 2012, 83(6): 065106.

[15] Croft D, Shedd G, Devasia S. Creep, hysteresis, and vibration compensation for piezoactuators: Atomic force microscopy application. Journal of Dynamic Systems, Measurement and Control, 2001, 123(1): 35.

[16] Ma Y, Mao J, Zhang Z. On generalized dynamic preisach operator with application to hysteresis nonlinear systems. IEEE Transactions on Control Systems Technology, 2011, 19(6): 1527-1533.

[17] Choi S B, Seong M S, Ha S H. Accurate position control of a flexible arm using a piezoactuator associated with a hysteresis compensator. Smart Materials and Structures, 2013, 22(4): 045009.

[18] Jang M J, Chen C L, Lee J R. Modeling and control of a piezoelectric actuator driven system with asymmetric hysteresis. Journal of the Franklin Institute, 2009, 346(1): 17-32.

[19] Liu L, Tan K K, Chen S, et al. Discrete composite control of piezoelectric actuators for high-speed and precision scanning. IEEE Transactions on Industrial Informatics, 2013, 9(2): 859-868.

[20] Kuhnen K. Modelling, identification, and compensation of complex hysteretic and log (t)-type creep nonlinearities. Control and Intelligent Systems, 2005, 33(2): 134-147.

[21] Krejci P, Kuhnen K. Inverse control of systems with hysteresis and creep. IEEE Proceedings of Control Theory and Applications, 2001, 148(3): 185-192.

[22] Kuhnen K, Janocha H. Operator-based compensation of hysteresis, creep and force-dependence of piezoelectric stack actuators. IFAC Proceedings Volumes, 2000, 33(26): 407-412.

[23] Janocha H, Kuhnen K. Real-time compensation of hysteresis and creep in piezoelectric actuators. Sensors and Actuators A: Physical, 2000, 79(2): 83-89.

[24] Pesotski D, Janocha H, Kuhnen K. Adaptive compensation of hysteretic and creep non-linearities in solid-state actuators. Journal of Intelligent Material Systems and Structures, 2010, 21(14): 1437-1446.

[25] Mokaberi B, Requicha A A G. Compensation of scanner creep and hysteresis for AFM nanomanipulation. IEEE Transactions on Automation Science and Engineering, 2008, 5(2): 197-206.

[26] Yang Q, Jagannathan S. Creep and hysteresis compensation for nanomanipulation using atomic force microscope. Asian Journal of Control, 2009, 11(2): 182-187.

[27] Bashash S, Jalili N. Robust multiple frequency trajectory tracking control of piezoelectrically driven micro/nanopositioning systems. IEEE Transactions on Control Systems Technology, 2007, 15(5): 867-878.

[28] Liaw H C, Shirinzadeh B, Smith J. Robust neural network motion tracking control of piezoelectric actuation systems for micro/nanomanipulation. IEEE Transactions on Neural Networks, 2009, 20(2): 256-267.

[29] Ismail M, Ikhouane F, Rodellar J. The hysteresis Bouc-Wen model, a survey. Archives of Computational Methods in Engineering, 2009, 16(2): 161-188.

[30] Xu Q. Identification and compensation of piezoelectric hysteresis without modeling hysteresis inverse. IEEE Transactions on Industrial Electronics, 2013, 60(9): 3927-3937.

[31] Al-Bender F, Lampaert V, Swevers J. Modeling of dry sliding friction dynamics: From heuristic models to physically motivated models and back. Chaos, 2004, 14(2): 446-460.

[32] Rizos D D, Fassois S D. Presliding friction identification based upon the maxwell slip model structure. Chaos, 2004, 14(2): 431-445.

[33] Rizos D D, Fassois S D. Friction identification based upon the lugre and maxwell slip models. IEEE Transactions on Control Systems Technology, 2009, 17(1): 153-160.

[34] Al-Bender F, Lampaert V, Swevers J. The generalized maxwell-slip model: A novel model for friction simulation and compensation. IEEE Transactions on Automatic Control, 2005, 50(11): 1883-1887.

[35] Goldfarb M, Celanovic N. A lumped parameter electromechanical model for describing the nonlinear behavior of piezoelectric actuators. Journal of Dynamic Systems, Measurement, and Control, 1997, 119(3): 478-485.
[36] Yeh T J, Hung R F, Lu S W. An integrated physical model that characterizes creep and hysteresis in piezoelectric actuators. Simulation Modelling Practice and Theory, 2008, 16(1): 93-110.
[37] Juhász L, Maas J, Borovac B. Parameter identification and hysteresis compensation of embedded piezoelectric stack actuators. Mechatronics, 2011, 21(1): 329-338.
[38] Yeh T J, Lu S W, Wu T Y. Modeling and identification of hysteresis in piezoelectric actuators. Journal of Dynamic Systems, Measurement, and Control, 2006, 128(2): 189-196.
[39] Liu Y, Shan J, Gabbert U, et al. Hysteresis and creep modeling and compensation for a piezoelectric actuator using a fractional-order maxwell resistive capacitor approach. Smart Materials and Structures, 2013, 22(11): 115020.
[40] Liu Y, Liu H, Wu H, et al. Modelling and compensation of hysteresis in piezoelectric actuators based on Maxwell approach. Electronics Letters, 2016, 52(17): 1444-1445.
[41] Lampaert V, Swevers J. Online identification of hysteresis functions with non-local memory. IEEE/ASME International Conference on Advanced Intelligent Mechatronics, Como, 2001.
[42] Ang W T, Khosla P K, Riviere C N. Feedforward controller with inverse rate-dependent model for piezoelectric actuators in trajectory-tracking applications. IEEE/ASME Transactions on Mechatronics, 2007, 12(2): 134-142.
[43] Qin Y, Tian Y, Zhang D, et al. A novel inverse modeling approach for hysteresis compensation of piezoelectric actuator in feedforward applications. IEEE/ASME Transactions on Mechatronics, 2013, 18(3): 981-989.
[44] El-Rifai O M, Youcef-Toumi K. Creep in piezoelectric scanners of atomic force microscopes. Proceedings of the American Control Conference, Anchorage, 2002.
[45] Jung H, Gweon D G. Creep characteristics of piezoelectric actuators. Review of Scientific Instruments, 2000, 71(4): 1896-1900.
[46] Jung H, Shim J Y, Gweon D. New open-loop actuating method of piezoelectric actuators for removing hysteresis and creep. Review of Scientific Instruments, 2000, 71(9): 3436-3440.
[47] Ru C, Sun L. Hysteresis and creep compensation for piezoelectric actuator in open-loop operation. Sensors and Actuators A: Physical, 2005, 122(1): 124-130.
[48] Ru C, Chen L, Sun L. Tracking control method of piezoelectric actuator for compensating hysteresis and creep. The 2nd IEEE International Conference on Nano/Micro Engineered and Molecular Systems, Bangkok, 2007.
[49] Westerlund S. Dead matter has memory. Physica Scripta, 1991, 43(2): 174-179.
[50] Westerlund S, Ekstam L. Capacitor theory. IEEE Transactions on Dielectrics and Electrical Insulation, 1994, 1(5): 826-839.
[51] Das S. Functional Fractional Calculus. 2nd ed. Berlin: Springer, 2011.
[52] Liu Y, Shan J, Qi N. Creep modeling and identification for piezoelectric actuators based on fractional-order system. Mechatronics, 2013, 23(7): 840-847.
[53] Salapaka S, Sebastian A, Cleveland J P, et al. High bandwidth nano-positioner: A robust control approach. Review of Scientific Instruments, 2002, 73(9): 3232-3241.

[54] Sebastian A, Salapaka S M. Design methodologies for robust nano-positioning. IEEE Transactions on Control Systems Technology, 2005, 13(6): 868-876.

[55] Shan J, Liu Y, Gabbert U. Control system design for nano-positioning using piezoelectric actuators. Smart Materials and Structures, 2016, 25(2): 025024.

[56] Liu Y, Shan J, Gabbert U. Feedback/feedforward control of hysteresis-compensated piezoelectric actuators for high-speed scanning applications. Smart Materials and Structures, 2015, 24(1): 015012.

[57] Rakotondrabe M, Clévy C, Lutz P. Complete open loop control of hysteretic, creeped, and oscillating piezoelectric cantilevers. IEEE Transaction on Automation Science and Engineering, 2010, 7(3): 440-450.

[58] Leang K K, Devasia S. Hysteresis, creep, and vibration compensation for piezoactuators: Feedback and feedforward control. Proceedings of IFAC Conference on Mechatronic Systems, 2002, 35(2): 263-269.

[59] Aphale S S, Devasia S, Moheimani S O R. High-bandwidth control of a piezoelectric nanopositioning stage in the presence of plant uncertainties. Nanotechnology, 2008, 19(12): 125503.

[60] Clayton G M, Devasia S. Iterative image-based modeling and control for higher scanning probe microscope performance. Review of Scientific Instruments, 2007, 78(8): 083704.

[61] Clayton G M, Devasia S. Image-based compensation of dynamic effects in scanning tunnelling microscopes. Nanotechnology, 2005, 16(6): 809-818.

[62] Ma Y T, Huang L, Liu Y B, et al. Note: Creep character of piezoelectric actuator under switched capacitor charge pump control. Review of Scientific Instruments, 2011, 82(4): 046106.

[63] Xu Q, Li Y. Model predictive discrete-time sliding mode control of a nanopositioning piezostage without modeling hysteresis. IEEE Transactions on Control Systems Technology, 2012, 20(4): 983-994.

[64] Liaw H C, Shirinzadeh B, Smith J. Sliding-mode enhanced adaptive motion tracking control of piezoelectric actuation systems for micro/nano manipulation. IEEE Transactions on Control Systems Technology, 2008, 16(4): 826-833.

[65] Kim B, Washington G N, Yoon H S. Hysteresis-reduced dynamic displacement control of piezoceramic stack actuators using model predictive sliding mode control. Smart Materials and Structures, 2012, 21(5): 055018.

[66] Leang K K, Devasia S. Feedback-linearized inverse feedforward for creep, hysteresis, and vibration compensation in afm piezoactuators. IEEE Transactions on Control Systems Technology, 2007, 15(5): 927-935.

[67] Janocha H, Kuhnen K. Design issues in a decoupled xy stage: Static and dynamics modeling, hysteresis compensation, and tracking control. Sensors and Actuators A: Physical, 2013, 194(1): 95-105.

[68] Kartik V, Sebastian A, Tuma T, et al. High-bandwidth nanopositioner with magnetoresistance based position sensing. Mechatronics, 2012, 22(3): 295-301.

[69] Liaw H C, Shirinzadeh B. Robust adaptive constrained motion tracking control of piezo-actuated flexure-based mechanisms for micre/nano manipulation. IEEE Transactions on Industrial Electronics, 2011, 58(4): 1406-1415.

[70] Liaw H C, Shirinzadeh B, Smith J. Enhanced sliding mode motion tracking control of piezoelectric actuators. Sensors and Actuators A: Physical, 2007, 138(1): 194-202.

[71] Xu Q, Li Y. Micro-/nanopositioning using model predictive output integral discrete sliding mode control. IEEE Transactions on Industrial Electronics, 2012, 59(12): 1161-1170.
[72] Xu Q. Digital sliding-mode control of piezoelectric micropositioning system based on input-output model. IEEE Transactions on Industrial Electronics, 2013, 61(10): 5517-5526.
[73] Song G, Zhao J, Zhou X, et al. Tracking control of a piezoceramic actuator with hysteresis compensation using inverse preisach model. IEEE/ASME Transactions on Mechatronics, 2005, 10(2): 198-209.
[74] Lin C Y, Chen P Y. Precision tracking control of a biaxial piezo stage using repetitive control and double-feedforward compensation. Mechatronics, 2011, 21(1): 239-249.
[75] Dong W D, Valadez J C, Gallagher J A, et al. Pressure, temperature, and electric field dependence of phase transformations in niobium modified 95/5 lead zirconate titanate. Journal of Applied Physics, 2015, 117: 244104.
[76] Wang Y C, Lakes R S. Extreme stiffness systems due to negative stiffness elements. American Journal of Physics, 2004, 72(1): 40-50.
[77] van Eijk J. Plate spring mechanism with constant negative stiffness. Mechanism and Machine Theory, 1979, 14: 1-9.
[78] Georgiou H, Mrad R B. Electromechanical modeling of piezoceramic actuators for dynamic loading applications. Journal of Dynamic Systems, Measurement, and Control, 2006, 128(3): 558-567.
[79] Arnold S, Pertsch P, Spanner K. Piezoelectric positioning//Heywang W, Lubitz K, Wersing W. Piezoelectricity. Berlin: Springer, 2009: 279-297.
[80] Chen Y, Petras I, Xue D. Fractional order control: A tutorial. Proceedings of the American Control Conference, St. Louis, 2009.
[81] Micharet C A M, Chen Y, Jara B M V, et al. Fractional-Order Systems and Controls: Fundamentals and Applications. Berlin: Springer, 2010.
[82] Bohannan G W, Hurst S K, Spangler L. Electrical component with fractional order impedance: US Patents, US 20060267595. 2006.
[83] Malti R, Aoun M, Sabatier J, et al. Tutorial on system identification using fractional differentiation models. IFAL Proceedings Volumes, 2006, 39(1): 606-611.
[84] Malti R, Victor S, Nicolas O, et al. System identification using fractional models: State of the art. Proceedings of the ASME International Design Engineering Technical Conference & Computers and Information in Engineering Conference, Las Vegas, 2007.
[85] Malti R, Victor S, Oustaloup A. Advances in system identification using fractional models. Journal of Computational and Nonlinear Dynamics, 2008, 3(2): 1-7.
[86] Marquardt D. An algorithm for least-squares estimation of nonlinear parameters. Journal of the Society for Industrial and Applied Mathematics, 1963, 11(2): 431-441.
[87] Richter H, Misawa E A, Lucca D A, et al. Modeling nonlinear behavior in a piezoelectric actuator. Precision Engineering, 2001, 25(2): 128-137.
[88] Zou Q, Devasia S. Preview-based optimal inversion for output tracking: Application to scanning tunneling microscopy. IEEE Transactions on Control Systems Technology, 2004, 12(3): 375-386.
[89] Zhou K, Doyle J C. Essentials of Robust Control. Englewood Cliffs: Prentice Hall International , 1998.

[90] Aridogan U, Shan Y, Leang K K. Design and analysis of discrete-time repetitive control for scanning probe microscopes. Journal of Dynamic Systems, Measurement, and Control, 2009, 131(6): 61103.
[91] Eielsen A A, Vagia M, Gravdahl J T, et al. Damping and tracking control schemes for nanopositioning. IEEE/ASME Transactions on Mechatronics, 2014, 19(2): 432-444.
[92] Gu G Y, Zhu L M, Su C Y. Integral resonant damping for high-bandwidth control of piezoceramic stack actuators with asymmetric hysteresis nonlinearity. Mechatronics, 2014, 24(4): 367-375.

附　录

附录 A　一般麦克斯韦模型 Simulink 仿真模块

一般麦克斯韦模型的 Simulink 仿真模块如附图 A.1 所示，其中，GMS 为封装的一般麦克斯韦模型，其具体结构如附图 A.2 所示。

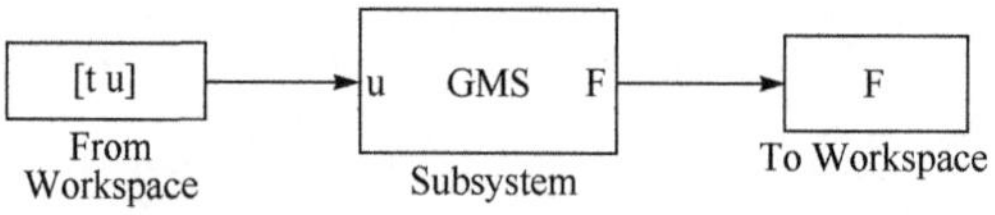

附图 A.1　一般麦克斯韦模型仿真模块

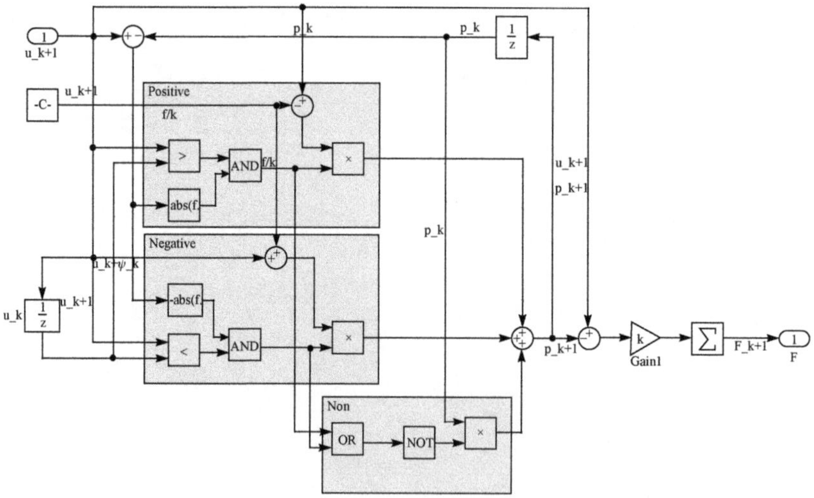

附图 A.2　GMS 模块

附录 B 弹性-滑动算子 Simulink 仿真模块

弹性-滑动算子 Simulink 仿真模块如附图 B.1 所示。

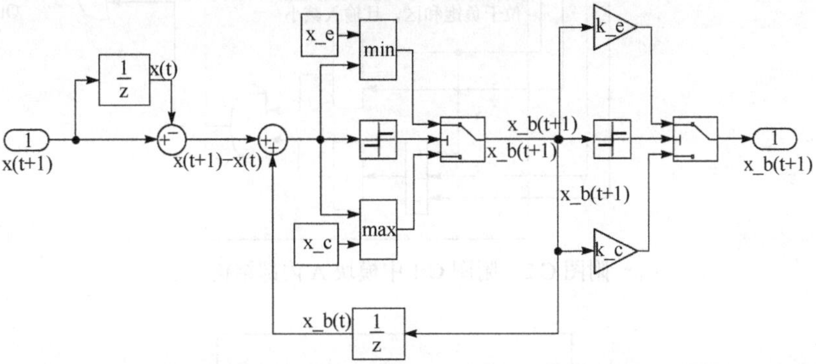

附图 B.1 弹性-滑动算子 Simulink 仿真模块

附录 C 分布参数麦克斯韦模型 Simulink 仿真模块

分布参数麦克斯韦模型 Simulink 仿真模块如附图 C.1 所示，其中，模块 A 内部结构如附图 C.2 所示。当采用有限记忆离散化时，仿真模块如附图 C.3 所示，其中，DPMS_FM 模块的内部算法代码如附表 C.1 所示。

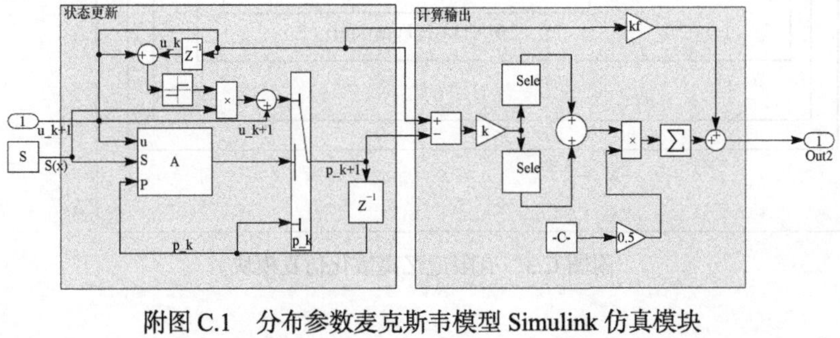

附图 C.1 分布参数麦克斯韦模型 Simulink 仿真模块

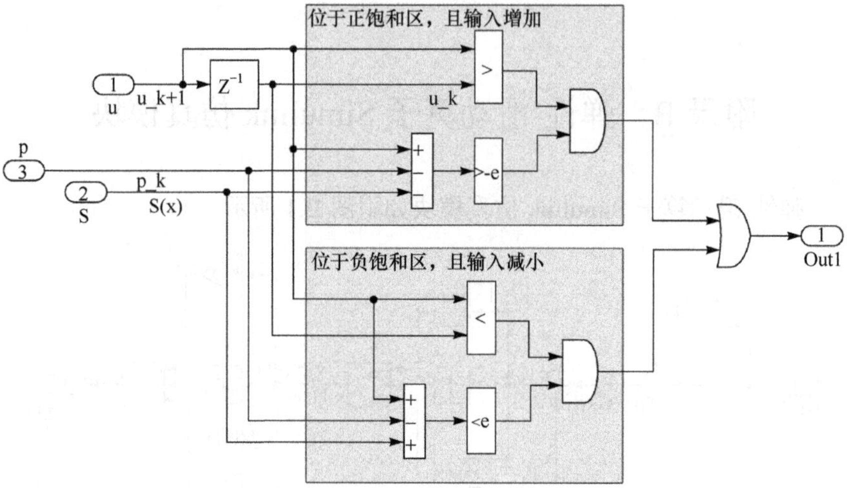

附图 C.2　附图 C.1 中模块 A 内部结构

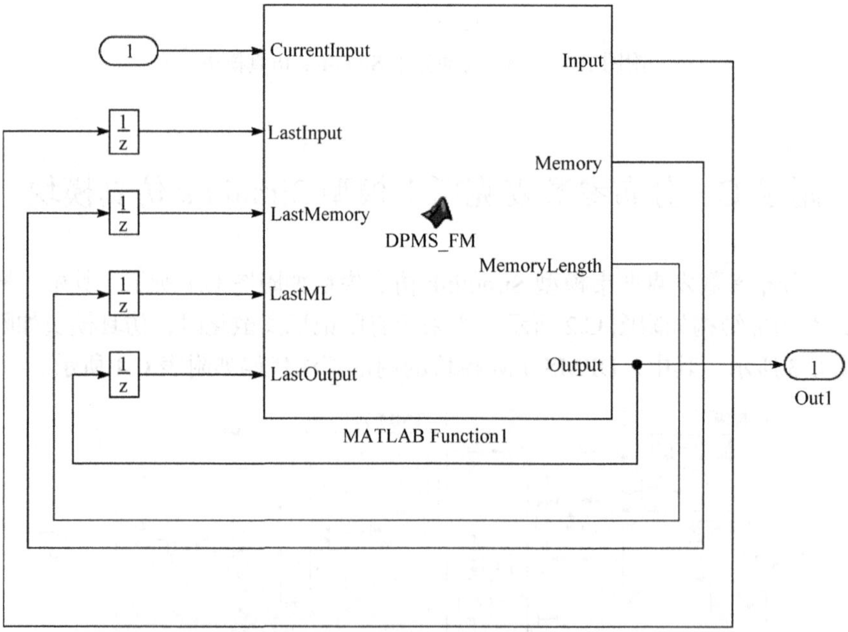

附图 C.3　有限记忆离散化仿真模块

附表 C.1　有限记忆离散化算法代码

```
function [Input, Memory, MemoryLength, Output] = ...
   DPMS_FM(CurrentInput,  LastInput,  LastMemory,  LastML,  LastOutput,
          MemoryResolution,a,b)
%% 参数说明
% CurrentInput:       当前输入，在该模型中的物理解释为输入位移；
% LastInput:          上一采样时刻输入位移；
% Memory:             记忆区，记录内部状态的极值点位置和对应的极值；
% LastMemory:         上一时刻的记忆区；
% MemoryLength:       记忆长度，物理上表示峰值点数量；
% LastML:             上一采样时刻记忆长度；
% MemoryResolution:   记忆分辨率，物理上为两个极值的区分精度，即多近的两个极值
%                     会被认为是一个，需要与记忆区的大小匹配；
% k:                  刚度，简化模型中归一化处理；
% L:                  特征长度；
% p:                  饱和长度的参数向量，对于该模型采用高阶多项式；
% Output:             当前输出，物理解释为输出力；
% LastOutput:         上一采样时刻输出力；
CI = CurrentInput;            % 当前输入
LI = LastInput;               % 上一时刻输入
dU = CI - LI;                 % 输入变化量
ME = LastMemory;              % 记忆区
MR = MemoryResolution;        % 记忆分辨率
ML = LastML;                  % 极值点数
%% 记忆更新
Input          = CI;
Output         = LastOutput;
Memory         = ME;
MemoryLength   = ML;
DC = sign(dU);                % 输入变化方向
if DC == 0                    % 输入位移无变化，保持不变
   return;
end
S = @(x) x;
for i = ML-1:-1:1
 if DC == 1                                   % 输入位移增加
  if ME(i,1) + ME(i,2) - CI <= 0
    if i == 1                                 % 突破了第一个极值点，第一点饱和
      x_c = CI;
      if isnan(x_c)
        aaa = 1;
      end
      if x_c < 0
        aaa = 1;
      end
      ME(1,:)          = [x_c,0];             % 更新第一极值点
      ME(2,1)          = ME(ML,1);            % 最近极值点位置更新
      ME(2,2)          = ME(ML,2) + dU;       % 最近极值点极值更新
      MemoryLength     = 2;                   % 修改记忆长度
```

```
        break;                                  % 跳出
      end
    else                                        % 当前位置没饱和，即上一点为最后饱和点
      x_c = (ME(i,1) + CI - ME(i,2))/2;
      if isnan(x_c)
        aaa = 1;
      end
      if x_c < 0
        aaa = 1;
      end
      if ME(i,1) - x_c <= MR                    % 距离小于记忆分辨率，认为重合
        if i == 1                               % 如果初始时距离第二极值点很近
          Input = ME(i,2) + ME(i,1);
          ME(i+1,2) = ME(ML,2) + Input - LI;        % 和第一极值点的极值
        else
          Input = ME(i,2) + ME(i,1);
          ME(i,1)    = ME(ML,1);                    % 最近极值点位置更新
          ME(i,2)    = ME(ML,2) + Input - LI;       % 最近极值点极值更新
          ME(i+1:i+2,:)    = [0,0;0,0];             % 取消原来的两个极值点
          MemoryLength    = i;                      % 修改记忆长度
        end
      else                                          % 距离大于分辨率
        ME(i+2,1)    = ME(ML,1);                    % 最近极值点位置更新
        ME(i+2,2)    = ME(ML,2) + dU;               % 最近极值点极值更新
        ME(i+1,1)    = x_c;                         % 新增一个极值点
        ME(i+1,2)    = CI - ME(i+1,1);
        MemoryLength    = i + 2;                    % 修改记忆长度
      end
      break;
    end
  end
  if DC == -1                                       % 输入位移减小
    if ME(i,1) - ME(i,2) + CI <= 0
      if i == 1                                     % 突破了第一个极值点,第一点饱和
        x_c = - CI;
        if isnan(x_c)
          aaa = 1;
        end
        if x_c < 0
          aaa = 1;
        end
        ME(1,:)          = [x_c,0];                 % 更新第一极值点
        ME(2,1)          = ME(ML,1);                % 最近极值点位置更新
        ME(2,2)          = ME(ML,2) + dU;           % 最近极值点极值更新
        MemoryLength    = 2;                        % 修改记忆长度
        break;
      end
    else                                    % 当前位置未饱和，即前一饱和点为最后饱和点
      x_c = (ME(i,1) + ME(i,2) - CI)/2;
      if isnan(x_c)
        aaa = 1;
```

```
    end
    if x_c < 0
      aaa = 1;
    end
    if ME(i,1) - x_c <= MR                          % 距离小于记忆分辨率，认为重合
      if i == 1                                     % 如果初始时距离第二极值点很近
        Input = ME(i,2) - ME(i,1);
        ME(i+1,2) = ME(ML,2) + Input - LI; % 和第一极值点的极值
      else
        Input = ME(i,2) - ME(i,1);
        ME(i,1)    = ME(ML,1);                      % 最近极值点位置更新
        ME(i,2)    = ME(ML,2) + Input - LI;% 最近极值点极值更新
        ME(i+1:i+2,:)   = [0,0;0,0];                % 取消原来的两个极值点
        MemoryLength    = i;                        % 修改记忆长度
      end
    else                                            % 距离大于分辨率
      ME(i+2,1)    = ME(ML,1);                      % 最近极值点位置更新
      ME(i+2,2)    = ME(ML,2) + dU;                 % 最近极值点极值更新
      ME(i+1,1)    = x_c;                           % 新增一个极值点
      ME(i+1,2)    = CI + ME(i+1,1);
      MemoryLength    = i + 2;                      % 修改记忆长度
    end
    break;
   end
 end
 ME(i,:) = [0,0];
 MemoryLength = i;
end
Memory = ME;            % 记忆区更新
Output = sum( ...
     (ME(1:ML-1,2) + (-1).^(1:ML-1)'.*ME(1:ML-1,1).*sign(ME(1,2) -
     ME(2,2))).*(Ik(a,b,ME(2:ML,1)) - Ik(a,b,ME(1:ML-1,1))) ...
     - (-1).^(1:ML-1)'.*sign(ME(1,2) - ME(2,2)).*(Jk(a,b,ME(2:ML,1)) -
     Jk(a,b,ME(1:ML-1,1))) ) ...
     + Input*(Ik_xd + k_f);
end

%% Ik
function y = Ik(a,b,x)
  Ik_1 = @(a,x) -a(1)*exp(a(2)*(2*x-1));
  y = zeros(size(x));
  for i = 1:length(x)
    if x(i) <= (a(10) + 1)/2
      y(i) = Ik_1(a(1:2),x(i)) - b(1);
    elseif x(i) <= (a(11) + 1)/2
      y(i) = Ik_1(a(4:5),x(i)) - b(3) ...
        + b(2) - b(1);
    else
      y(i) = Ik_1(a(7:8),x(i)) - b(5) ...
        + b(4) - b(3) ...
        + b(2) - b(1);
    end
  end
end
```

```
%% Jk
function y = Jk(a,b,x)
Jk_1 = @(a,x) -a(1)*x.*exp(a(2)*(2*x-1)) + a(1)/2/a(2).*exp(a(2).*(2*x-
1));
  y = zeros(size(x));
  for i = 1:length(x)
    if x(i) <= (a(10) + 1)/2
      y(i) = Jk_1(a(1:2),x(i)) - b(6);
    elseif x(i) <= (a(11) + 1)/2
      y(i) = Jk_1(a(4:5),x(i)) - b(8) ...
              + b(7) - b(6);
    else
      y(i) = Jk_1(a(7:8),x(i)) - b(10) ...
              + b(9) - b(8) ...
              + b(7) - b(6);
    end
  end
end

%% K
function y = K(a,u)
  if u <= a(10)
    y = a(1)*exp(a(2)*u) + a(3);
  elseif u <= a(10)
    y = a(4)*exp(a(5)*u) + a(6);
  else
    y = a(7)*exp(a(8)*u) + a(9);
  end
end
```

编 后 记

《博士后文库》是汇集自然科学领域博士后研究人员优秀学术成果的系列丛书。《博士后文库》致力于打造专属于博士后学术创新的旗舰品牌，营造博士后百花齐放的学术氛围，提升博士后优秀成果的学术和社会影响力。

《博士后文库》出版资助工作开展以来，得到了全国博士后管委会办公室、中国博士后科学基金会、中国科学院、科学出版社等有关单位领导的大力支持，众多热心博士后事业的专家学者给予积极的建议，工作人员做了大量艰苦细致的工作。在此，我们一并表示感谢！

《博士后文库》编委会